이해하기 쉬운

조리원리 및 실험

COOKING PRINCIPLE AND EXPERIMENTS

*머리말

조리는 과학이다. 조리는 다양한 성분과 복잡한 조직으로 구성되어 있는 식품을 여러 가지 조작을 통해 섭취하기 쉬운 음식의 형태로 만드는 과정으로, 이 과정 중에 일어나는 현상을 과학적으로 접근하고 연구해야 하므로 조리는 과학이라고 할 수 있다.

조리를 과학적으로 접근하기 위해서는 조리과정 중에 일어나는 변화의 원리를 정확히 이해하고 있어야 할 뿐만 아니라, 조리원리의 이론을 각종 조리에 응용할 수 있도록 하기 위하여 물리화학적인 실험을 하고 그 수치를 통계적으로 처리하는 일련의 과정인 실험조리가 필요하다. 따라서 본 교재에서는 조리조작 중 일어나는 식품의 조리원리를 자세히 살펴보고자 하였고, 그 이론이 그대로 접목될 수 있도록 실험을 선별하였다.

본 교재는 식물성 식품(곡류, 당류, 서류, 두류, 채소류, 과일류, 버섯 및 해조류)과 동물성 식품(수조육류, 어패류, 난류, 우유 및 유제품) 및 유지류의 13장으로 구성하여 15~16주의 한 학기 동안 강의가 효율적으로 운영될 수 있도록 고려하였다. 각 장별로 식품의 분류, 성분, 조리적 특성, 조리 및 이용 등에 관하여 이론을 고찰하였고, 〈여기서 잠깐〉에서는 단편적으로 보충해야 할 내용의 이론을 설명하였으며, 〈부엌 둘러보기〉에서는 실제 조리가 이루어지는 '부엌'에서 조리 시 일어날 수 있는 사례를 중심으로 설명하였다. 또한 실험 부분에서는 실험을 하면서의 유의점 등을 tip으로 정리하였으며, 평가할 때의 기준을 항목별로 나누어 제시하였다.

예비실험을 통하여 규명해 놓은 실험조건이기는 하지만 실험상의 오류가 발견되거나 상황에 따라 다른 변수가 작용하여 실험조건이 달라지는 경우가 발생하는 등 본 교재와 관련된 여러 가지 정보 및 조언을 감사하게 수용할 것을 약속드리며, 본 교재를 출판하기까지 도와주신 파워북의 유제구 사장님과 김재원 전무님께 깊은 감사를 드린다.

저자 일동

*차례

CHAPTER 1
서론

CHAPTER 2
곡류

CHAPTER 5
두류

CHAPTER 6
채소류

CHAPTER 7 과일류

CHAPTER 8 버섯류 및 해조류

CHAPTER 9
유지류

CHAPTER 10
수조육류

CHAPTER 11 어패류

CHAPTER 12 난류

CHAPTER 13 우유 및 유제품

CHAPTER

1

서론

1. 조리의 정의 및 목적 2. 조리와 기초과학 3. 조리와 계량
4. 조리와 조리조작 5. 조리와 물 6. 조리와 관능평가

1

인류의 역사와 함께 자연환경, 사회적·문화적 경험이 축적된 음식은 조리를 통해 만들어진다. 과학적 원리와 지식을 바탕으로 한 조리과학은 우리 식생활을 보다 풍요롭게 발전시킬 것이다.

1. 조리의 정의 및 목적

1) 정의

조리는 식품을 먹을 수 있는 상태로 만드는 과정으로 식품에 물리적·화학적 조리조작을 하여 영양적이고 위생적이며, 기호성과 소화성을 높인 음식물로 만드는 과정이다. 넓은 의미로는 식사 계획에서부터 식품 재료의 준비, 선택, 조리조작 및 식탁에 차려지는 모든 과정을 말한다.

2) 목적

식품에 인위적인 처리를 가하여 먹기에 알맞은 음식으로 만드는 조리의 목적은 다음과 같다.

- 영양적 가치 향상 : 기계적 조작과 가열처리로 영양소의 파괴 방지 및 소화·흡수율을 높여 영양 효과를 증진한다.
- 위생적 가치 향상 : 씻기, 가열처리 등으로 유독성분, 병원균, 농약, 해충과 같은 유해물질을 제거하여 위생적인 안전성을 증진한다.
- 기호적 가치 향상 : 색, 냄새, 맛, 향기, 외관, 물성, 풍미 등의 기호성을 높여 식욕을 증진하고 식생활 가치를 향상시킨다.
- 경제적 가치 향상 : 시간, 노동력, 폐기율 등을 고려한 조리는 경제적인 효과를 증진한다.
- 문화적 가치 향상 : 전통음식 계승 및 식문화 발전의 문화적 가치를 증진한다.

2. 조리와 기초과학

1) 점성

점성viscosity은 단위 힘에 의하여 흘러가는 정도, 즉 유체의 흐름에 대한 저항이며

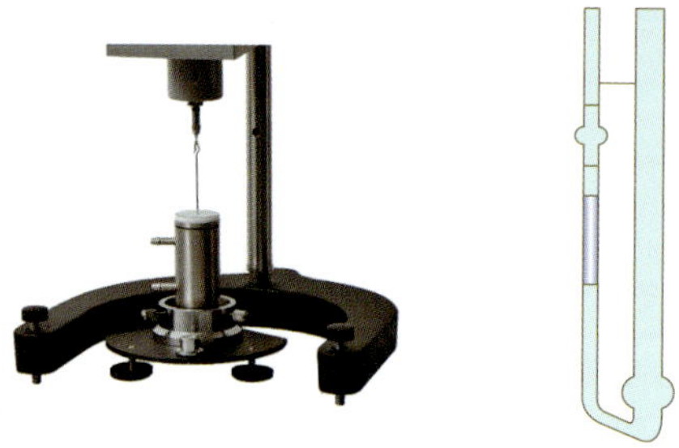

그림 1-1 B형 회전 점도계(왼쪽)와 오스트왈드 점도계(오른쪽)

점성이 크면 유동하기가 어렵다. 점도를 측정하는 대표적인 기기에는 액체 속에서 원통을 일정한 속도로 회전시켜 원통의 크기나 회전수가 같으면 액체의 점도에 따라 저항의 크기가 달라지는 원리를 이용해서 만든 B형 회전 점도계brookfield rotational viscometer가 있다. 오스트왈드 점도계Ostwald viscometer는 일정량의 액체를 U자형 모세관 가운데로 흘러내려 보낼 때 소요되는 시간을 증류수와 글리세린 등의 표준액과 비교하여 점성을 측정한다. 그림 1-1 은 B형 회전 점도계와 오스트왈드 점도계를 나타낸 것이다.

2) 유화

유화emulsion는 서로 섞이지 않는 두 가지 액체 물질(물과 기름)이 혼합된 상태를 말하는데, 유화액은 액체가 또 다른 액체 안에서 서로 혼합되지 않고 작은 방울로 분산된 콜로이드colloid계이다. 기름이 미세한 입자 상태(분산질)로 물(분산매)에 존재하는 것을 수중유적형oil in water, O/W이라고 하며, 물이 분산질이고 기름이 분산매로 존재하는 것을 유중수적형water in oil, W/O이라고 한다. 마요네즈, 프렌치 드레싱, 크림수프, 그레이비는 수중유적형이고, 버터와 마가린은 유중수적형이다. 그림 1-2 는 유화액의 종류를 나타내었다.

3) 거품

거품foam은 액체에 기체가 분산되어 있는 것으로 분산질이 기체이고, 분산매가 액체 또는 고체인 콜로이드 용액이다. 조리에 주로 이용되는 거품은 된 크림heavy cream, 달걀흰

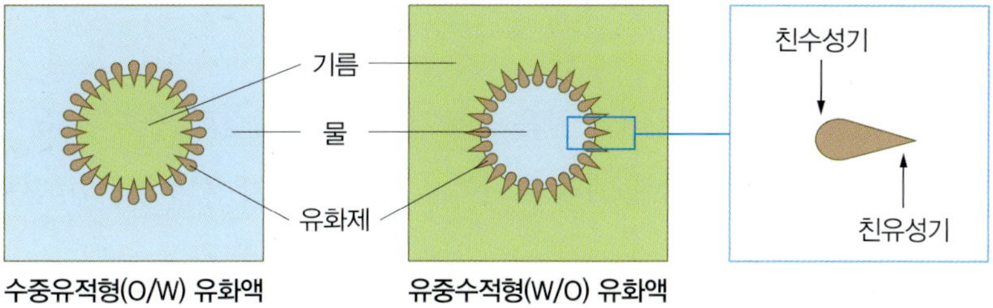

그림 1-2 유화액의 종류

자, 젤라틴, 농축우유 등이다. 거품의 안정성은 액체 표면의 표면장력과 증기압의 영향을 받는다. 표면장력이 작은 액체는 쉽게 펼쳐지고 응집이 잘 일어나지 않아 거품이 쉽게 꺼지지 않지만, 표면장력이 큰 액체로 만든 거품은 쉽게 꺼진다. 증기압이 높은 액체는 쉽게 증발하여 액체 안에 갇혀 있던 공기가 쉽게 달아나 거품이 쉽게 꺼진다. 따라서 표면장력과 증기압이 낮은 액체를 사용해야 안정한 거품을 만들 수 있다.

휘핑크림은 냉각된 상태에서 휘핑해야 고체지방 입자가 거품을 안정화시키기 때문에 거품이 잘 생긴다. 빵이나 케이크를 구울 때 거품은 다공성의 텍스처를 형성하고 부피를 증가시킨다. 그림 1-3은 난백을 거품친 모양이다.

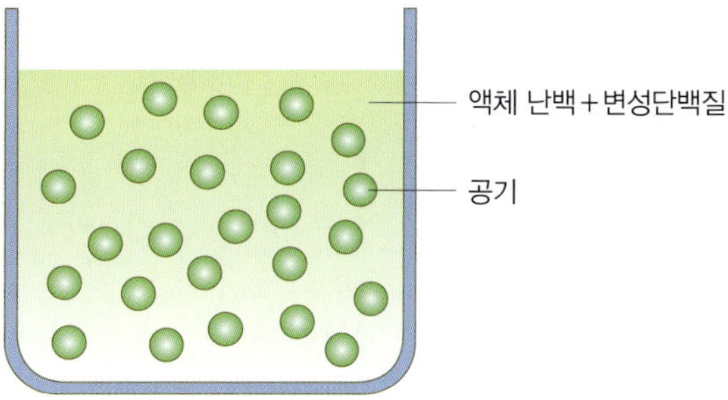

그림 1-3 난백 거품

4) 용해도

용해도solubility는 일정한 온도에서 100g의 용매에 용해하여 포화용액을 만드는 용질의 양을 말하는데, 진용액을 형성할 때 용해도는 용질의 종류에 따라 다르고 온도와 같은 외적 조건에 따라서도 달라진다. 즉, 설탕과 소금의 용해도는 각각 다르며, 온도가 올라가면 용해도는 증가한다. 그러나 액체에 용해되는 가스의 용해도는 온도가 낮을수록 커져 탄산음료는 차가울 때 가스가 많이 용해되고, 온도가 상승함에 따라 가스는 덜 용해되어 있다.

5) 확산과 삼투

확산diffusion은 농도가 다른 용액이 같은 농도가 되려는 성질로, 순수한 물과 진용액 사이에 투과성 막이 존재할 때 진용액의 용질이 막을 통과하여 물의 농도와 진용액의 농도가 같아지는 현상을 말한다.

삼투osmosis는 용질은 통과시키지 않고 용매만 통과시키는 반투과성 막에 물이 반투막을 통과하여 양측의 액체 농도가 평형을 이루는 현상으로, 이때 반투막의 양쪽에서 생기는 압력차를 삼투압osmotic pressure이라고 한다. 배추를 소금물에 절이면 투과성막인 세포벽을 통해 소금이 배추 내부로 들어가고 반투과성인 원형질막은 물만 통과시키고 용질은 통과시키지 않으므로 세포 내 물이 밖으로 나오게 되고 세포 내 수분에 의해 간이 배게 된다. 그림 1-4는 농도에 따른 삼투현상을 나타낸 것이다.

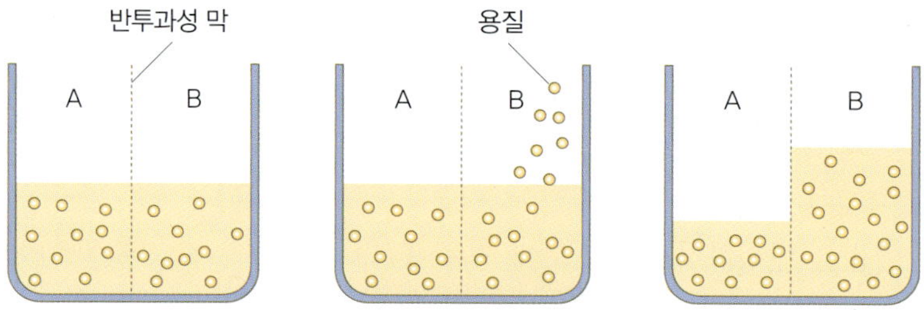

그림 1-4 삼투현상

6) 팽윤

물질이 용매를 흡수하여 부푸는 것을 팽윤swelling이라고 하며 고분자 물질이 용해될 때 나타나는 현상이다. 쌀이나 콩과 같은 곡물 또는 표고버섯이나 다시마와 같이 건조된 식품을 물에 담갔을 때 몇 배로 불어나는 것이 팽윤이다.

7) 용출

물과 같은 액체에 의해 식품 중의 성분이 녹아 나오는 현상을 용출extraction이라고 하며, 얻고자 하는 성분을 녹여 내는 조작을 추출이라고 한다. 용출시키는 액체가 순수하고 온도가 높으면 용출이 잘 된다. 콩의 경우 담가 놓은 물에 칼슘, 마그네슘 등의 염류가 함유되어 있으면 단백질이 변성되어 콩이 딱딱해져 성분은 용출되기 어렵다. 또한 용출되는 물질의 농도가 낮을수록 빨리 용출되고, 떫은맛을 용출시키고자 할 때는 물을 자주 갈아주는 것이 좋다. 그러나 재료를 너무 오래 씻거나 물 속에 담가 두면 맛있는 성분이나 영양 성분이 용출되어 영양소 손실이 생길 수 있으므로 용출된 액체를 조리에 이용하는 것이 바람직하다.

8) 전도

전도conduction는 물체가 열원에 직접 접촉하였을 때 열이 그 물체를 따라 이동하는 현상을 말한다. 전기히터에 직접 닿은 냄비의 바닥이 뜨거워지고, 바닥으로부터 데워진 냄비는 점차 옆과 윗부분으로 열이 전달되어 그릇 전체가 뜨거워지며, 냄비 안쪽에 직접 닿고 있는 식품도 역시 전도에 의해 가열된다. 열이 전달되는 정도를 열전도율이라고 하며, 금속은 열이 전달되기 쉬우나 유리나 도자기류는 열전도율이 낮다. 열전도율이 큰 물질은 열을 빨리 전달하나 보온성이 낮고, 열전도율이 낮은 물질은 온도 상승은 느리지만 보온성은 높다.

9) 대류

대류convection는 열에 의해 액체나 기체가 상하로 움직이며 열을 전달하는 현상으로 대류에 의한 열전달은 공기, 물, 기름 등을 통해서 이루어진다. 가열된 액체나 기체는 부피가 커지고 밀도가 낮아져서 가벼워지므로 위로 올라간다. 그러면 윗부분의 공기나 물이 상대적으로 온도가 낮아 부피는 작아지고 밀도가 높아 무거우므로 아래로 내려오면서 전체가 데워지게 된다. 점도가 낮은 액체는 대류가 잘 일어나 빨리 데워지나, 점도가 높은 액체는 대류가 원활하지 못해 자주 저어야 한다.

10) 복사

복사radiation는 중간 매체의 도움 없이 열원으로부터 물체로 직접 열이 전달되는 현상이다. 오븐조리에서 일부 복사열은 조리용기에 흡수된 후 전도에 의해 식품으로 이동되는데, 조리기구의 표면이 검고 거친 것일수록 복사에너지를 잘 흡수하여 조리온도를 신속히 높이므로 조리시간이 단축된다. 반면에 표면이 매끈하고 반짝거리며 밝은 색의 조리기구는 복사열을 흡수하지 못하고 반사한다. 강화유리pyrex는 복사열을 잘 투과시켜 식품 표면에 흡수되도록 한다. 숯불구이, 석쇠구이, 토스터에 의한 조리방법 등이 복사에 해당하는 열 전달방법이다. 그림 1-5는 가스레인지와 오븐에서 열의 이동(전도, 대류, 복사)을 나타낸 것이다.

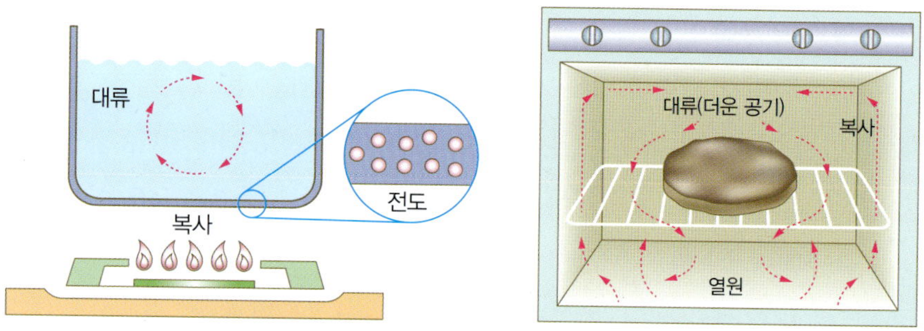

그림 1-5 가스레인지와 오븐에서 열의 전도, 대류, 복사

11) 유도

유도induction는 고효율의 자기장 유도기술을 응용한 것으로 전기에너지로 자력을 발생시켜 열을 내게 한다. 즉, 유리 세라믹판 아래에 자력 발생 코일을 부착하고 고주파 전류를 흐르게 하면 코일 주변에 자력선이 발생하여 상부 세라믹판 위에 있는 자성체 그릇의 밑면에 와전류eddy current가 생성된다. 그릇 바닥에서 발생한 와전류는 상판을 가열시키지는 않고 그릇 자체만을 발열시켜 뜨거워지는 유도 가열로 식품의 조리를 가능하게 한다. 이 원리를 이용한 인덕션레인지는 가스레인지나 일반 가열기기처럼 외부로 나오는 불꽃이 없기 때문에 안전하고, 냄비가 닿는 부분에서만 에너지가 형성되어 효율이 높다. 온도가 빨리 상승하여 조리시간을 단축할 수 있으며, 열의 세기도 다양하게 조절이 가능하

그림 1-6 인덕션레인지

고 조리할 때 흐른 음식물이 상판에서 타지 않아 청소가 용이하다. 그림 1-6은 인덕션레인지를 나타낸 것이다.

부엌 둘러보기

인덕션레인지에 적당한 용기는?

인덕션레인지에 사용할 수 있는 조리기구는 자력을 효율적으로 이용할 수 있는 무쇠, 마그네틱 스테인리스 스틸, 철로 된 주물용기, 법랑을 입힌 강철 냄비와 같은 용기이다. 바닥이 평평하고 상판에 밀착되는 조리기구가 적합하며, 알루미늄, 유리, 구리, 스테인리스스틸 100% 냄비, 바닥 직경이 12cm 이하인 중화팬과 같은 조리기구는 인덕션레인지 사용에 적당하지 않다.

3. 조리와 계량

식품 재료나 조미료의 정확한 계량은 조리법의 표준화와 조리작업의 과학화를 위해 중요한 과정으로 정확한 계량을 위해 적절한 계량기구의 사용과 올바른 사용법을 알아야 한다.

1) 계량단위

주로 미터법을 사용하여 부피는 리터L, 중량은 그램g을 사용하며, 부피는 갤런gal; G, 쿼트qt, 파인트pt, 중량은 파운드lb, 온스oz를 사용한다. 표 1-1과 그림 1-7은 주로 사용하는 계량단위와 환산치를 나타낸 것이다.

표 1-1 계량단위 및 환산치

단위	기호	부피	환산치
1 cup	C	240mL	16Tbsp
1 table spoon	Tbsp	15mL	3tsp
1 tea spoon	tsp	5mL	⅓Tbsp
1 pint	pt	470mL	2C
1 quart	qt	940mL	2pt, 4C
1 gallon	gal	3.8L	4qt, 16C
1 ounce	oz	28.35g	1/16 pound
1 pound	lb	453.6g	16 oz

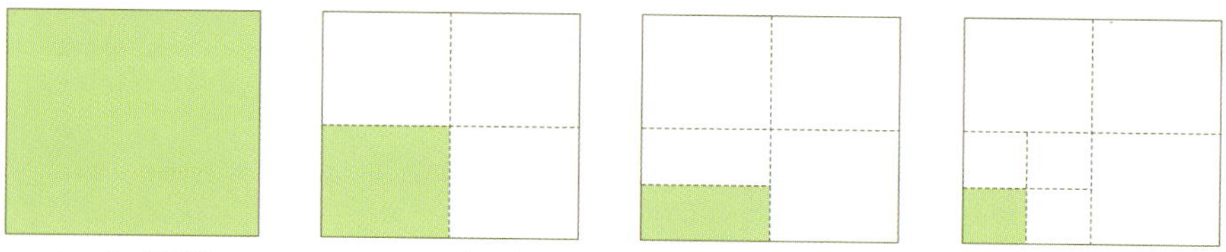

1 gallon(갤런) 1 quart(쿼트) 1 pint(파인트) 1 C(컵)

2) 계량기구

저울로 중량을 측정하는 것이 부피로 계량하는 것보다 정확하나 이때 측정하고자 하는 계량기구의 표준화 및 계량기술의 정확성이 필요하다.

(1) 계량컵

계량컵은 일반적으로 1컵, 1/2컵, 1/3컵, 1/4컵이 한 세트로 구성되어 있거나 한 컵에 1/4, 1/2, 3/4의 눈금이 있는 컵이 있으며, 파이렉스pyrex로 만들어진 액체용 계량컵이 있다. 1컵은 국제표준용량 1/4쿼트로 약 240mL이다.

(2) 계량스푼

1/4컵보다 적은 양일 때는 계량스푼을 사용하는데 1큰술table spoon, 1작은술tea spoon, 1/2작은술, 1/4작은술이 한 세트로 구성되어 있는 것이 일반적이다. 1큰술은 3작은술에 해당하며, 1컵은 16큰술에 해당한다. **그림 1-8**은 계량컵과 계량스푼을 나타낸 것이다.

계량스푼 계량컵 액체용 계량컵

그림 1-8 계량컵과 계량스푼

(3) 저울

식품의 중량을 측정할 때 저울을 사용하며, 사용 시 평평한 곳에서 0점zero point을 맞춘 후 사용한다. 접시 중앙에 식품을 놓고 정면에서 눈금을 읽으며, 최대 허용치 이상의 무게는 계량하지 않는다.

3) 계량방법

(1) 액체

물, 우유, 기름, 간장과 같은 액체는 강화유리와 같이 투명한 재질로 만들어진 계량컵을 사용하는 것이 좋다. 평평한 곳에 놓고 눈높이에서 보아 눈금과 액체의 표면meniscus의 아랫부분을 눈과 같은 높이로 읽는다. 그림 1-9는 액체를 계량하는 방법이다.

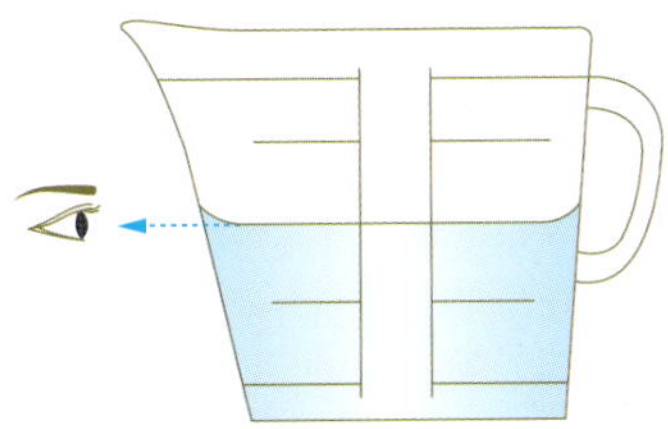

그림 1-9 액체 계량법

(2) 고체지방

버터, 마가린, 쇼트닝과 같은 고체지방은 단단하면 계량하기 어려우므로 실온에서 반고체 상태로 부드러워졌을 때 계량컵에 빈 곳이 없도록 눌러 담고 평평한 것으로 윗면을 깎아 준다. 고추장이나 된장도 같은 방법으로 계량하고 다른 그릇에 옮길 때에는 고무주걱으로 잘 긁어 준다. 1파운드(453g)짜리 버터나 마가린은 2컵이 되기 때문에 1/4로 자르면 1/2컵이 되므로 계량할 필요 없이 사용할 수 있다.

(3) 가루

밀가루와 같은 가루는 입자가 작고 다져지는 성질이 있어 그릇에 오래 담아 두면 눌리게 된다. 밀가루는 부피보다 중량을 재는 것이 정확하나, 편의상 계량컵을 많이 사용하므로 계량 전에 체에 쳐서 누르지 말고 계량컵에 수북하게 한 후 평평한 것으로 깎아 준다. 체로 치는 횟수가 증가할수록 공기가 많이 들어가 부드러운 텍스처를 만들 수 있다. 그러나 밀기울을 함유한 통밀가루는 밀기울이 제거될 수 있으므로 계량하기 전에 체로 치지 않는다. 탄산수소나트륨, 소금과 같은 가루도 계량 전에 덩어리진 것을 먼저 부스러뜨리고 계량스푼으로 수북이 떠서 위를 깎아 준다.

덩어리진 백설탕은 부순 후 계량컵에 수북하게 담아서 평평한 것으로 깎아 내어 계량한다. 흑설탕과 황설탕은 설탕입자가 서로 달라붙는 경향이 있어, 뒤집었을 때 계량컵의 모양을 유지할 수 있도록 꾹꾹 눌러서 채워 담아 컵의 위를 평평하게 깎은 후 계량한다. 그림 1-10은 밀가루 계량법을 나타낸 것이다.

그림 1-10 밀가루 계량법

(4) 기타

부피가 작고 물에 젖어도 되는 고체 식품은 물을 담은 눈금 실린더에 식품을 넣은 후 증가된 물의 양으로 부피를 측정한다. 그러나 물에 젖으면 안 되는 식품의 경우 종자치환법(씨앗 대용법, 종실법)을 이용한다. 그릇에 좁쌀, 유채씨 등의 종자를 가득 담은 후 측정하고자 하는 식품을 넣고 종자 속에 파묻어 위를 평평하게 하면 식품의 부피만큼 종자가 넘치게 된다. 넘쳐 나온 종자를 눈금 실린더에 담아 계량하면 이것이 식품의 부피가 된다. 그림 1-11은 종자치환법을 이용하여 고체를 계량하는 방법을 나타낸 것이다.

그림 1-11 종자치환법

4. 조리와 조리조작

구입한 재료를 다듬는 과정부터 시작하여 씻기, 담그기, 썰기, 섞기, 냉동 및 해동 그리고 여러 가지 가열방법을 거쳐 익히는 과정을 조리조작, 조리과정이라고 한다.

1) 기초 조리조작

(1) 다듬기

식재료의 비가식 부분을 제거하고 조리할 수 있도록 전처리하는 과정을 의미하며, 전체 무게 중 버려지는 부분의 비율을 폐기율이라고 한다. 곡류는 폐기율이 낮으나 조개류, 생선류와 같은 식품은 비교적 폐기율이 높다.

(2) 씻기

식품에 붙어 있는 흙, 이물질, 기생충, 농약과 같은 유해물질을 제거하고, 채소의 쓴맛이나 떫은맛, 아린맛과 같은 나쁜 맛을 내는 성분을 제거하기 위해 물에 담그거나 흐르는 물로 잘 씻어 낸다. 특히 표면이 울퉁불퉁한 부분은 중성세제(0.2%)를 사용하면 효과적이다. 과일은 껍질을 벗기거나 자르면 갈변하기 쉽고, 단맛·신맛·과일향 등이 감소하기 쉬우므로 자르기 전에 통째로 씻어 준다. 생선 체표면의 점액 비린내 성분은 흐르는 물에 잘 씻거나 바닷물의 소금물(2~3%) 농도로 씻어 주고, 조갯살은 소쿠리에 담고 소금물에 흔들어 씻는다.

(3) 담그기

공기 중에 오래 방치한 채소는 수분이 증발하여 팽압turgor pressure이 감소하면서 시드는데, 물에 담그면 채소 세포 속으로 물이 들어가면서 팽압이 회복되어 아삭아삭해진다. 콩나물은 발아 상태에서 효소의 산화가 빨리 일어나 검게 변하는데, 물에 담가 두면 변색을 막을 수 있다. 말린 청어나 대구를 불릴 때에는 콩깍지나 짚을 태워 우려 낸 잿물이나 쌀뜨물을 사용하는데, 이는 생선을 말리는 동안 지방이 산화되어 생긴 유리지방산이 건어물 특유의 떫은맛을 내므로 알칼리성인 잿물이 유리지방산을 중화시켜 맛을 좋게 하기 때문이다. 쌀뜨물은 콜로이드성 물질로 생선의 감칠맛 성분의 유출을 방지하고 표면의 떫은맛 물질을 흡착하여 제거한다.

(4) 썰기

썰기는 불필요한 부분을 제거하고 식재료의 표면적을 증가시켜 열전달과 조미료의 침투를 쉽게 하며 외관과 맛도 좋게 해준다. 그러나 썰어서 표면적이 증가하면 영양소 손실과 산화가 잘 일어날 수도 있다. 써는 방법은 통째썰기, 어슷썰기, 반달썰기, 채썰기, 네모썰기, 다지기 등의 기본적인 썰기와 매화, 국화, 난초 등의 모양썰기가 있다.

(5) 섞기와 젓기

식품 재료를 섞거나 젓는 과정은 조리조작 시 동시에 일어나는 것이 일반적이다. 제과제빵에서 밀가루와 우유를 잘 섞어 균일화시키고, 소스나 묵을 만들 때 맛과 열전도를 균질화하기 위해 저어 주면서 섞어 준다. 이때 유화성, 기포성, 점탄성 등의 물성 변화가 일어난다.

(6) 냉각과 냉장

식품 재료나 조리한 음식의 온도를 낮게 식히는 과정으로 단시간에 냉각하기 위해서 냉장고에 넣거나 냉수, 얼음물 등을 사용한다. 음식의 표면적이 클수록, 작은 용기에 담을수록 빨리 냉각되므로 식품의 온도를 빨리 낮추려면 열전도가 큰 용기에 작은 부피로 나누거나 덩어리진 음식은 잘라서 보관한다. 샐러드, 생선회, 과일 등은 차게 했을 때 음식 맛이 더 좋아지고 묵의 겔화, 젤리, 족편 등의 음식은 냉각과정 중 물성 변화가 일어나는 식품의 예이다.

(7) 냉동 및 해동

냉동은 식품의 수분을 동결온도 이하로 냉각시켜 식품 내의 미생물 번식과 여러 가지 효소의 작용을 억제하여 식품의 품질을 유지하는 방법이다. 이때 식품 중에 얼음 결정이 형성되므로 조직의 파괴를 줄이기 위해서 급속으로 냉동시키는 것이 좋다. 전분은 냉동하면 노화방지 효과가 있어 해동 후에 냉동 전과 유사한 품질을 유지할 수 있으나 어육제품은 단백질 변성으로 해동 후 식품의 질감이 떨어진다.

해동은 냉동식품을 냉동 전의 상태로 만드는 과정이다. 단백질 식품은 단백질 변성으로 인해 조직이 파괴되면 액즙 유출로 정미성분 및 여러 가지 성분이 손실될 수 있으므로 드립drip을 최소한으로 줄일 수 있도록 유의해야 한다. 급속해동법은 동결된 식품을 그대로 가열조리하거나 전자레인지를 이용하여 해동하는 방법으로 반조리 및 조리된 냉동식품을 해동하는 데 적당하며, 해동과 조리가 동시에 일어난다. 완만해동법은 냉장고 내에서 또는 흐르는 물에서 천천히 해동하는 방법으로 육류 및 어패류 해동에 적합한 방법이며, 해동할 때의 온도는 10℃ 이하여야 한다.

2) 가열조리

식품은 대부분 가열하는 조리조작을 거치는데 물을 열전달 매체로 이용하는 습열조리와 공기나 기름을 열전달매체로 사용하는 건열조리, 식품 자체에서 마찰에 의한 발열에 의해 조리되는 초단파조리법이 있다. 반면 식품의 맛, 향, 질감을 그대로 살려 신선한 상태로 조리하는 비가열조리방법은 가열과정이 없어 위생적인 처리가 중요하고 고유의 맛을 살릴 수 있으며 회, 냉채, 생채, 샐러드 등이 있다.

한국조리와 서양조리에서 사용되는 가열조리방법의 용어에 차이가 있으나 합리적으로 많이 사용되는 용어를 다음과 같이 설명하였다.

(1) 습열조리

① 끓이기

끓이기boiling는 100℃ 이상의 끓는 물 속에 식품을 넣고 끓이면서 동시에 조미할 수 있는 방법으로 국물에 맛을 우려 내기 위한 조리법이다. 국물까지 이용하면 영양소 손실이 비교적 적은 방법으로 끓이기를 통해 전분의 호화, 조직의 연화, 콜라겐collagen의 젤라틴화gelatinization, 단백질 응고 등이 일어난다. 끓인 후에는 식품의 모양 유지가 어렵고, 수용성 영양소와 기능성 물질이 용출되어 국물까지 섭취하는 것이 좋으나 소금을 과잉으로 섭취할 가능성이 있다.

곰국, 찌개 등의 육류는 찬물에서 끓이기 시작해야 표면 단백질이 응고되기 전에 수용성 단백질이 용출되어 국물이 맛있는 음식이 되고, 채소류나 어패류는 비교적 적은 양의 국물로 단시간 끓여야 한다. 건조식품은 수분함량이 적으므로 물을 많이 넣고 약한 불에서 장시간 끓인다.

끓는 물 속에서 식품이 익을 때까지 가열하여 주로 삶은 건더기만을 이용하는 삶기는 끓이기와 달리 삶은 물은 이용하지 않으므로 수용성 영양 성분의 손실을 가져온다. 끓이기는 조미를 하면서 가열하여 전체를 이용하는 것이고, 삶기는 질감을 부드럽게 하며 육류는 단백질이 응고되고, 건조식품은 수분 흡수가 촉진된다.

② 데치기

데치기blanching는 식품의 색을 유지시키거나 좋은 질감을 유지하기 위해 끓는 물에 잠시 넣었다가 건져서 찬물에 식히는 방법이다. 채소를 냉동 저장하거나 건조시킬 때 전처리 과정으로 이용하며 효소를 불활성화시켜 변색을 억제하고 특유의 냄새나 불순물을 제거할 수 있다.

③ 브레이징

브레이징braising은 건열과 습열을 사용하는 복합가열조리법으로 식품을 구운 후 물을 첨가하여 뚜껑을 닫고 익히는 방법이다.

④ 시머링

시머링simmering은 물의 끓는점 이하의 온도를 유지하며 잔잔한 거품이 일어나는 액체에서 은근하게 끓이는 방법으로 조리 중 조미료를 첨가할 수 있다. 조직의 연화, 단백질의 응고, 지방 제거, 감칠맛 성분의 용출 등이 일어나는 조리법이나 수용성 성분, 무기질, 지미 성분의 용출로 인한 영양 성분의 손실을 최소화하도록 조리한다. 곰국이나 스톡 끓이기, 뭉근하게 끓이기 등이 있다.

⑤ 조리기

조림은 음식 재료에 양념을 넣은 후 처음에는 강한 불로 가열하다가 끓기 시작하면 약한 불에서 국물이 졸아들도록 은근하게 오랫동안 가열하는 방법으로 생선이나 육류, 콩 등을 조릴 때 이용한다.

⑥ 찌기

찌기steaming는 물이 수증기로 변할 때 발열되는 수증기의 기화열을 이용하여 식품 재료를 가열하는 방법이다. 식품의 모양을 유지할 수 있고 삶는 방법보다 식품의 맛 성분, 수용성 성분의 손실이 적다. 그러나 가열시간이 비교적 길고 연료 소모도 많으며, 조리 도중에 조미할 수 없어서 미리 간을 해야 한다. 물이 끓기 전에 미리 식품을 넣으면 증기가 응축되어 생긴 수분이 식품에 흡수되어 질감이 좋지 않게 된다.

⑦ 포우칭

포우칭poaching은 서양조리에서 주로 사용되는 방법으로 거품이 거의 일지 않는 정도의 뜨거운 액체(70~80℃)에 재료를 넣고 조리하는 방법이다. 생선, 달걀과 같은 섬세한 음식을 서서히 조리할 때 이용한다. 얕은 팬에 소량의 액체를 부어 식품을 익히는 섈로 포우칭shallow poaching은 액체의 온도가 올라가면서 발생된 수증기의 스팀 효과로 재료가 익는다. 일반적으로 익은 재료는 건져 내고 남은 액체는 졸여서 소스로 사용한다. 갈치 조림이나 솔 모르네sole mornay가 포우칭을 이용한 대표적 음식이다. 반면 식품을 액체에 완전히 담가 익히고 조리 후 남은 액체를 이용하지 않는 딥 포우칭deep poaching을 이용한 음식은 샤부샤부, 수란이 대표적이다.

(2) 건열조리

① 구이

복사열을 이용한 직접구이와 프라이팬, 철판 등을 이용한 간접구이가 있다. 오븐구이는 직접과 간접구이의 혼합으로 복사, 전도, 대류의 열전달 원리가 적용된 조리법이다. 식품 내부의 열전도율은 낮으므로 온도 조절을 잘해야 표면이 타지 않고 식품 내부까지 잘 익는다. 고기와 생선구이는 처음에 강한 불로 표면의 단백질을 응고시키고, 군고구마는 당화효소가 충분히 작용하여 전분이 당으로 분해되도록 약한 불에서 서서히 가열해야 고구마의 단맛을 즐길 수 있다. 구이 용어는 식품의 종류에 따라 다음과 같이 구분한다.

- 그릴링grilling(석쇠구이) : 그릴링은 복사열과 전도열을 이용하여 직화로 굽는 방법(150~250℃)으로 재료의 맛을 돋우기 위해 각종 양념을 하여 조리하기도 한다. 브로일링과 다른 점은 조리도구의 차이로 그릴은 아래쪽의 열원이 복사열과 전도에 의해 조리되므로 식품이 닿은 면에 자국이 난다.
- 브로일링broiling : 브로일링은 그릴과 같이 직화로 굽는 방법(280~300℃)으로 석쇠 위에 올려놓고 가열하는데, 그릴링과 차이점은 열원이 위쪽에 있어 복사에너지에 의한 조리만 가능하다.
- 베이킹baking : 베이킹은 생선, 과일, 채소, 제과제빵류를 오븐에서 굽는 것으로 복사와 대류에 의해 조리된다.
- 로스팅roasting : 로스팅은 가금류, 육류, 뿌리채소를 오븐에서 굽는 것을 말하며 복사와 대류에 의해 조리하는 방법으로 긴 꼬챙이에 식품을 꽂아 오븐 속에서 꼬챙이를 돌려 가며 익히는 것도 로스팅이다.

② 볶기

볶기stir frying, sauteing는 팬이나 냄비에 소량의 기름을 넣고 고온에서 단시간에 조리하는 방법이다. 비타민의 손실이 적고 식품의 색과 향의 보유가 가능하며, 수용성 성분의 용출이 적고 지용성 비타민의 이용을 높인다. 볶는 과정에서 수분이 빠져나오고 기름이 흡수되어 풍미가 증진되며, 가열 중 조미가 가능하나 끓이기보다 조미료 침투가 느리다. 볶는 냄비는 중화팬wok과 같은 두껍고 열용량이 큰 재질이 좋으며 볶을 때 자주 섞어 주어 전체적으로 일정한 온도를 유지해야 맛이 있다.

③ 지지기

지지기pan frying는 팬에 소량의 기름을 두르고 어패류, 육류, 채소 등을 익히는 방법으로, 식품의 윗부분은 열전달이 늦으므로 식품을 얇게 썰어 주는 것이 좋다. 식재료에 따라 식품을 그대로 지지는 경우도 있고 밀가루와 달걀을 입혀 지져 내는 경우도 있다.

④ 튀기기

튀기기deep frying는 다량의 기름을 열전달 매체로 사용하여 고온(150~200℃)에서 단시간 조리하는 방법이다. 튀기는 동안 식품 중의 수분과 기름의 교환이 이루어져 풍미가 좋아진다. 가열 중 조미할 수 없으므로 가열 전후에 조미하여야 한다. 물을 사용하지 않아 수용성 비타민의 손실을 최소화할 수 있으며, 영양소의 파괴가 적으나 열량이 증가한다. 튀김용 기름은 발연점smoke point이 높은 기름이 적당하며, 튀김옷을 입혀서 튀기는 방법과 식품 그대로 튀기는 방법이 있는데 식품의 종류와 성분에 따라 시간과 온도가 달라진다. 일반적으로 전분식품은 낮은 온도에서 오래 튀기고, 단백질식품은 고온에서 단시간에 튀긴다.

(3) 초단파조리

마이크로파microwave 가열기기인 전자레인지에 의한 조리법은 외부에서 열이 전달되는 것이 아니라 식품에 극초단파를 보내 식품 내 물분자의 급격한 진동 및 회전을 일으켜서 식품 자체 내에서 열이 생성되는 원리를 이용한 조리법이다. 초단파조리는 표면에서부터 가열되는 것이 아니고, 내부와 외부가 동시에 여러 방향에서 익혀지며 열의 이동이 없고 열효율이 높다. 가열용기의 재질은 초단파를 투과시키고 내열성이 있는 유리, 도자기가 가장 적합하다. 플라스틱, 종이 등은 초단파를 투과시키나 금속 재질의 용기는 초단파를 반사시키므로 사용할 수 없다. 조리 도중 수분 증발이 일어나므로 뚜껑을 덮거나 랩을 씌워 조리하고 가열에 따른 표면의 갈색반응은 일어나지 않는다. 단시간에 조리가 가능하여 영양소 손실이 적고 형태, 색, 맛 등이 유지되나 1회 조리량이 제한된다.

5. 조리와 물

1) 식품 중에 존재하는 물의 분류

식품 중에 존재하는 물은 결합수와 자유수로 나눌 수 있다.

(1) 결합수

결합수는 식품을 구성하는 성분과 결합하여 0℃ 이하에서도 얼지 않고 용매로 작용하지 못하며, 압력을 가해도 쉽게 제거되지 않고 미생물의 번식과 발아에 이용되지 못하는 물이다.

(2) 자유수

자유수는 유리수라고도 하고, 식품 내에서 용매로 작용하여 여러 가지 성분, 즉 당류, 수용성 단백질, 수용성 비타민, 염류 등의 용매로 작용하거나 전분이나 지질과 같은 불용성 물질을 분산시켜 교질상태를 형성하게 하는 물이다. 0℃ 이하에서 동결되고 100℃에서 끓으며 건조나 동결에 의해 쉽게 제거되는 물로 미생물의 발육과 식품의 저장, 효소반응에 관여한다.

2) 조리 중 물의 역할

- 식품 표면의 오염물질, 비위생물질, 미생물 등을 제거한다.
- 건조식품을 수화시켜 원상태로 팽화시킨다.
- 수용성 색소와 수용성 물질을 용해시킨다.
- 열전도율과 비열이 높아 식품에 열전달 매체로 사용된다.
- 호화, 연화, 젤라틴화, 글루텐 형성과 같이 식품 성분의 물성을 변화시킨다.
- 변색, 산화방지 등 식품의 품질 변화를 최소화한다.

3) 식품 중에 존재하는 물의 상태

식품은 여러 종류의 물질이 분산된 상태로 존재하는데 분산되어 있는 분자 또는 입자(분산질)의 크기에 따라 진용액, 교질용액(콜로이드), 현탁액으로 분류할 수 있다.

① 진용액true solution : 설탕, 소금, 수용성 비타민, 수용성 무기질 등과 같이 분자량이 적고 크기가 작은 물질이 물에 완전히 용해된 상태이며, 용액의 온도가 높아지면 용질의 용해도가 증가한다.

② 교질용액colloid : 우유, 두유, 마요네즈, 난황 등과 같이 진용액의 분산질보다 크기가 커서 완전히 용해되거나 침전되지 않고 분산되어 퍼져 있는 상태로 불안정하여 외부 조건에 의해 안정성을 잃고 쉽게 침전한다.

- 졸sol : 액체에 콜로이드 입자가 분산되어 흐를 수 있는 상태
- 겔gel : 온도, pH 등의 요인에 의해 졸 상태의 용액이 흐르지 않고 굳은 상태
- 가역적 겔 : 사골국처럼 온도 등의 요인에 의해 다시 졸로 되돌아갈 수 있는 상태
- 유화액emulsion : 하나의 액체가 서로 섞이지 않는 다른 액체 내에 작은 방울로 분산되어 있는 콜로이드 상태로 종류에 따라 수중유적형과 유중수적형으로 분류

③ 현탁액suspension : 분산질의 크기가 커서 물에 용해되지 않고 뿌옇게 부유하고 있는 상태를 말하며, 물에 전분이나 밀가루를 풀어 놓은 것처럼 매우 불안정하여 쉽게 침전되고, 현탁액을 가열하면 교질용액으로 변화한다.

6. 조리와 관능평가

식품의 품질을 평가하는 요소는 양적, 영양적, 위생적, 관능적 요소로 구성되어 있다.

- 양적 요소 : 무게, 부피, 고형분함량, 수량 등 측정하거나 목측하여 알아볼 수 있다.
- 영양적 요소 : 영양소의 조성, 함량, 질 및 효율 등으로 먹는 당사자가 정확히 알기는 어렵다.
- 위생적 요소 : 영양저해물질, 독성물질, 유해미생물 유무 등이며, 먹는 당사자가 미리 알기 힘든 경우가 많다.

• 관능적 요소 : 외관(모양, 색), 맛, 향(냄새), 질감, 소리 등의 요소이다.

우수한 영양적 요소와 위생적 요소를 갖추었어도 맛이 없어 먹지 않으면 소용이 없으므로 관능적 요소는 음식의 품질평가에서 매우 중요하다.

1) 관능적 특성

(1) 맛

맛taste은 음식에 대한 만족도를 결정짓는 가장 중요한 요소이며, 식욕 증진, 만족감, 소화 흡수에 영향을 주는 요인이다. 맛을 느끼는 감각기관은 혀의 표면이나 입 천장에 존재하는 미뢰taste bud의 미각 수용체 자극이 신경을 따라 대뇌 중추에 전해지면 맛을 느끼게 된다.

단맛, 짠맛, 신맛, 쓴맛, 감칠맛 외에 혀나 구강 점막 등을 직접 자극하는 통각, 온각 등을 통하여 느끼는 매운맛, 떫은맛, 아린맛 등이 있다.

맛은 4가지 기본맛(단맛, 짠맛, 신맛, 쓴맛)에 감칠맛을 더하여 5가지 맛으로 분류하고 있는데,

- 단맛sweet taste : 단맛을 내는 물질은 당질 감미료와 비당질 감미료가 있으며, 이들 물질들은 상대적인 감미도가 다르다.
- 짠맛salty taste : 짠맛을 내는 물질은 소금NaCl으로 사람의 체액과 비슷한 0.85% 정도가 음식으로 적당한 농도이다. 각종 가공식품은 소금함량이 비교적 높아 과잉섭취를 주의하여야 한다.
- 신맛sour taste : 신맛은 주로 유기산에서 나오며, 향미를 더하여 미각을 자극하고 식욕을 증진시킨다. 적당한 신맛은 pH 4~6 정도이며, pH 6 이상이 되면 맛이 없어지고, pH 8 이상이 되면 음식으로서 부적당한 맛이 된다.
- 쓴맛bitter taste : 쓴맛은 마그네슘 등의 무기이온, 루신 등의 아미노산, 퀴닌 등의 알칼로이드, 그 밖의 다양한 물질들에서 나온다. 쓴맛 단독으로 맛있다는 느낌을 주는 것은 아니지만, 약간의 쓴맛이 첨가되면 기호도를 높이는 작용을 하여 식품의 맛에 좋은 영향을 주기도 한다.

- 감칠맛palatable taste, umami : 감칠맛에는 아미노산, 펩타이드, 유기산, 핵산, 유기염류 등이 관여하며 천연에 많이 존재한다. 다시마의 감칠맛이 L-글루탐산에 의한 것으로 밝혀져 독립된 맛으로 인정되어 5가지 기본 맛의 하나가 되었다.

5가지 기본맛 이외에 혀, 구강, 비강 점막 등을 직접 자극하는 통각으로 느껴지는 매운 맛hot taste은 식욕을 증진시키나 식품의 종류와 함유 성분에 따라 느끼는 맛이 조금씩 다르다. 떫은맛astringent taste 성분은 혀 표면의 점막 단백질을 일시적으로 변성시켜 미각신경이 마비됨으로써 수렴성astringent의 불쾌한 맛으로 느껴진다. 떫은맛이 너무 강하면 불쾌하지만 약한 떫은맛은 쓴맛에 가깝게 느껴져 다른 맛과 조화되어 독특한 향미를 자아내어 기호에 영향을 준다.

아린맛acrid taste은 쓴맛과 떫은맛이 어우러져 나타나는 불쾌한 맛으로 토란, 우엉, 죽순 등의 아린맛 성분인 호모겐티스산homogentisic acid이다.

그 외 통조림 식품에서 철Fe, 주석Sn, 은Ag 등의 금속이온 맛, 나무 재, 탄산수소나트륨 등에서 느낄 수 있는 알칼리맛 등이 있다.

여기서 잠깐!

역가란?

어떤 맛을 내는 물질의 맛을 느낄 수 있는 최소 농도를 지각역가, 자극역가 또는 절대역가라고 하며, 5가지 기본맛 중 쓴맛의 역가가 가장 낮아 아주 미량의 쓴맛도 느낄 수가 있다.

(2) 냄새

냄새odor는 휘발성이므로 코 위쪽에 있는 후각상피에 녹아 후각세포를 자극하면 뇌에 전달되어 냄새를 느끼게 된다. 사람의 후각은 예민하여 매우 낮은 농도의 물질의 냄새도 느낄 수 있다. 그러나 같은 냄새를 오래 맡게 되면 후각이 둔화되어 느끼지 못하게 되고 다시 회복하는 데 1~10분 정도 걸린다.

식물성 식품의 냄새는 알코올류, 정유류, 에스테르, 함황화합물 등이 있으며, 동물성 식품의 냄새는 아민류와 지방산류로 구분된다.

표 1-2 감미료의 종류와 감미도

분류		감미료	원료	상대적 감미도	열량(kcal)
당질	당류	과당(fructose)	설탕	1.3~1.7	4
		전화당(invert sugar)	전분	1 ~ 1.1	4
		설탕(sucrose)	사탕수수, 사탕무	1	4
		포도당(glucose)	전분	0.6~0.7	4
		자일로오스(xylose)	전분	0.5~0.6	4
		맥아당(maltose)	전분	0.4	4
		유당(lactose)	유청	0.2~0.4	4
	당알코올	자일리톨(xylitol)	옥수수	0.7~1	2.4
		만니톨(mannitol)	버섯, 해조류	0.4~0.7	1.6
		소르비톨(sorbitol)	전분	0.6~0.7	2.6
	설탕유도체	수크랄로오스(sucralose)	설탕	600	3.3
		프락토올리고당(fructooligosaccharide)	설탕	0.6	0~4
		파라티노오스(palatinose)	설탕	0.4	4
비당질	천연감미료	스테비오사이드(stevioside)	스테비아잎	200~300	–
		글리시리진(glycyrhizin)	감초	30~50	–
	합성감미료	사카린(saccharin)	톨루엔	200~700	–
	아미노산계 감미료	아스파탐(aspartame)	아미노산	100~200	4

표 1-3 신맛 성분 및 함유식품

신맛 성분	함유식품	특징
구연산(citric acid)	매실, 감귤류	온화, 상쾌한 신맛
주석산(tartaric acid)	포도	떫은맛이 있는 신맛
호박산(succinic acid)	청주, 조개류, 사과, 딸기	깊이 있는 맛있는 신맛
젖산(lactic acid)	김치, 발효유, 젖산음료, 청주	온화한 신맛, 방부성
아스코르브산(L-ascorbic acid)	레몬, 자몽, 채소	상쾌한 신맛, 항산화성
초산 (acetic acid)	식초, 김치	자극적 냄새의 신맛
푸마르산(fumaric acid)	청량음료, 과일통조림, 청주	상쾌하고 떫은 신맛
말산(malic acid)	사과, 매실, 포도	상쾌하고 약간 쓴맛
글루콘산(gluconic acid)	곶감, 양조식품	온화하고 상쾌한 신맛

표 1-4 쓴맛 성분 및 함유식품

분류	쓴맛 성분	함유식품
알칼로이드	카페인(caffein)	차, 커피, 코코아, 초콜릿
	테오브로민(theobromin)	코코아, 초콜릿
배당체	나린진(naringin)	귤 껍질
	큐커비타신(cucurbitacin)	오이 꼭지
케톤류	후물론(humulone)	맥주의 홉
무기질류	염화마그네슘($MgCl_2$)	간수
아미노산	트립토판(tryptophan)	변질 치즈
	루신(leucine)	건어물
기타	이포메아메론(ipomeamerone)	흑반병 고구마

표 1-5 감칠맛 성분 및 함유식품

분류	감칠맛 성분	함유식품
아미노산	L-글루탐산(glutamic acid)	다시마, 치즈, 김, 마른 오징어, 양송이버섯, 녹차
	베타인(betain)	사탕무, 구기자, 두류, 어패류(오징어, 문어, 새우)
뉴클레오타이드 (핵산 구성 성분)	5′-이노신산인산염(5′-IMP)	멸치, 다랑어포, 전갱이, 꽁치, 도미, 고등어, 육류
	5′-구아닐산인산염(5′-GMP)	건표고버섯, 송이버섯
유기산	호박산(succinic acid)	조개류

(3) 향미

향미flavor는 맛과 냄새가 어우러져 느끼는 특성이며, 냄새와 맛을 인지하는 화학적 감각으로 후각·미각적 요소이다.

2) 관능평가

인간의 오감을 사용하여 물질과 식품의 특성을 조사하거나 기호를 조사하는 방법을 관능평가라고 한다. 일정한 환경에서 시료가 되는 식품을 눈으로 보고 냄새를 맡으며 입으로 맛보는 등의 방법으로 얻어진 데이터를 통계적으로 처리하여 결과를 내게 된다.

표 1-6 매운맛 성분 및 함유식품

분류	매운맛 성분	함유식품
아마이드류	캡사이신(capsaicin)	고추
	채비신(chavicin)	후추
	산쇼올(sanshool)	산초
황화합물류	알릴 이소티오시아네이트(allyl isothiocyanate)	흑겨자, 고추냉이, 무
	p-하이드록시벤질 이소티오시아네이트 (*p*-hydroxybenzyl isothiocyanate)	백겨자
황화알릴류	알리신(allicin)	마늘, 양파
	다이메틸설파이드(dimethyl sulfide)	파래, 아스파라거스, 파슬리
	다이비닐설파이드(divinyl sulfide)	부추, 파, 양파
	다이알킬설파이드(dialkyl sulfide)	
	프로필알릴설파이드(propylallyl sulfide)	
방향족 알데하이드 및 케톤류	시남 알데하이드(cinamic aldehyde)	육계
	진저론(zingerone), 쇼가올(shogaol), 진저롤(gingerol)	생강
	커쿠민(curcumin)	울금
아민류	히스타민(histamine), 티라민(tyramine)	썩은 생선, 변패 간장

(1) 관능평가의 종류

관능평가는 시료 간 차이의 검출이나 특성의 강도, 대소의 평가, 성질의 묘사 등을 목적으로 실시하는 분석형 방법과 시료에 대한 인간의 기호나 수요를 조사하는 기호형 방법이 있다.

- 2점 비교법paired comparison test : 시료 A와 B를 동시에 제시하고 시료 간의 차이가 있는지 평가하는 방법으로 어떤 특성에 관해 어느 쪽이 강한지 등의 차이식별검사와 어느 쪽이 마음에 드는지 판정하는 기호조사에 모두 이용할 수 있다.
- 1:2점 비교법duo-trio test : 시료 A와 B를 비교하기 위해 표준품 A 또는 B를 먼저 평가한 후 별도로 A와 B를 제시하여 표준품과 같은 쪽을 선택하게 한다.
- 3점 비교법triangle test : 시료 A와 B를 비교하기 위해 A(또는 B) 두 개와 B(또는 A) 한 개를 구성하여 세 개 중에서 같은 것들 또는 다른 하나를 택하게 하는 방법이다.
- 순위법ranking test : 세 개 이상의 시료 간 특성의 크기 순위를 알고자 할 때 어떤 특

성의 크기에 대하여 순위를 정하게 한다. 즉, 여러 가지 시료를 동시에 제공하고 음식의 색, 맛, 냄새, 질감 등의 한 특성에 대하여 가장 좋은 것으로부터, 또는 가장 나쁜 것으로부터 순위를 정하게 하는 방법이다.

- 척도검사scaling test : 시료의 특성 강도가 어떻게 다른지 조사하기 위해 특성의 정도가 표시된 척도를 사용하여 평가하는 방법으로 평점검사rating test, 채점검사scoring test라고도 한다. 척도검사에서는 구획척도나 선척도를 사용하는데, 구획척도는 특성 강도가 서술된 척도를 제시하여 각 시료의 주어진 특성이 어느 강도에 속하는지를 평가하며 주로 5점, 7점, 9점, 11점 척도가 사용된다. 선척도는 대개 15cm(6inch)의 직선상에 인지하는 강도만큼을 표시하게 하는 방법이다.
- SD법Semantic Deflection(의미의 편차) : 시료의 질적인 특성을 묘사하기 위해 반대의 의미를 가진 두 개의 형용사를 평가척도로 사용하고, 다수의 평가척도를 통해 시료에 대한 인상을 각각의 척도에 평가하는 방법이다.

(2) 패널 선정

관능검사를 위해 선택한 피검자의 집단을 패널panel이라고 하고, 패널의 개개인을 평가원panel number, panelist이라고 한다. 분석형 관능평가에는 경험이 많거나 훈련에 의해 식별능력이 있는 패널이 많이 필요하고, 기호형 관능평가에는 경험이나 훈련이 많이 필요하지 않다. 실험의 내용에 따라 차이가 있으나 적어도 20명 전후의 평가원이 필요하다.

(3) 환경

관능검사실은 밝고 쾌적하며 냄새나 자극 또는 심리적인 장애요소가 없어야 하고, 평가원의 독자적인 평가를 위해 칸막이를 설치하여 서로 보거나 이야기를 나눌 수 없도록 한다. 시료를 맛본 후 다음 시료를 맛보기 위해 입 안을 헹굴 수 있는 급수와 배수시설을 갖추는 것이 좋다.

(4) 시료

시료는 동일한 크기와 색, 모양으로 동일한 용기에 담아 가장 적당한 온도에서 검사에 필요한 충분한 양을 제공하여야 한다. 용매로 사용하는 물은 순도가 높은 것을 사용하고, 제공하는 순서도 동일하게 하여 선입견이나 기타 심리적 요인에 의한 오차가 생기지 않도록 주의하여 선정한다.

실험 1-1	계량기구를 사용한 중량과 부피 측정	실험일시

1. 실험목적

식품을 조리할 때 사용하는 계량기구로 물의 중량과 부피를 계량한 후 중량과 부피와의 상호 관계를 알아본다.

2. 재료 및 분량

물

3. 실험기구

- 계량기구 : 전자저울, 계량컵(1/4, 1/2, 3/4, 1C), 계량스푼(1tsp, 1Tbsp)

4. 실험방법

① 1/4C 계량컵을 저울 위에 올려놓고 영점을 맞추고 조심스럽게 물을 부어 1/4C을 채워 중량을 측정한다. 3회 반복하여 평균값을 계산하여 기록한다.

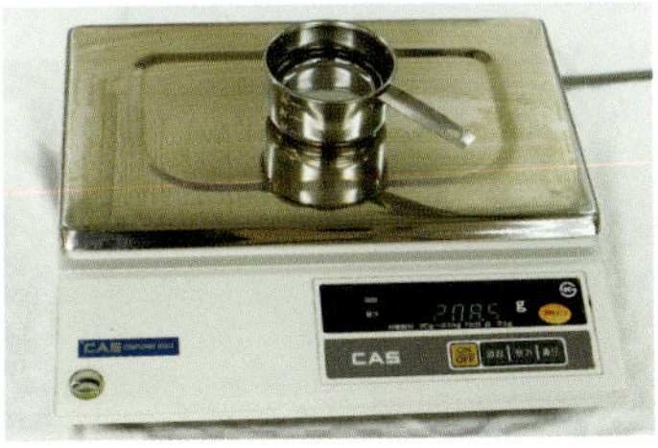

② 1/2C, 3/4C, 1C도 ①과 같은 방법으로 중량을 측정한다.

③ 비커를 저울 위에 올려놓고 영점을 맞춘 후 계량스푼 1Tbsp과 1tsp에 물을 채워 중량을 측정한다. 3회 반복하여 평균값을 계산하여 기록한다.

5. 실험 결과

계량기구		중량(g)			
		1회	2회	3회	평균값
계량컵	1/4C				
	1/2C				
	3/4C				
	1C				
계량스푼	1tsp				
	1Tbsp				

실험 1-2	고체식품과 액체식품의 계량	실험일시

1. 실험목적

식품의 종류에 따른 계량방법을 알아보고, 식품을 정확하게 계량하는 방법 및 기술을 익힌다.

2. 재료 및 분량

밀가루 4C×3, 백설탕 1C×3, 흑설탕 2C×3, 고춧가루 1Tbsp×3, 베이킹파우더 1tsp×3, 버터 1/4C×3, 우유 1C×3

3. 실험기구

- 계량기구 : 전자저울, 계량컵, 계량스푼
- 일반기구 : 스패튤러, 체

4. 실험방법

각 재료의 중량을 3회 반복 측정한 후 평균값을 계산하여 기록한다.

① 밀가루는 다음과 같은 방법으로 중량을 측정한다.

A : 체에 치지 않은 상태의 밀가루를 계량컵으로 퍼서 수북이 담고 윗면을 스패튤러로 평평하게 깎은 후 중량을 측정한다.

B : 체에 치지 않은 상태의 밀가루를 스푼으로 퍼서 계량컵에 담은 후 윗면을 스패튤러로 평평하게 깎은 후 중량을 측정한다.

C : 밀가루를 체에 친 다음 스푼으로 떠서 계량컵에 담은 후 윗면을 스패튤러로 평평하게 깎아 중량을 측정한다.

D : 밀가루를 계량컵 위에서 직접 체를 쳐서 담은 후 윗면을 스패튤러로 평평하게 깎고 중량을 측정한다. 이때 계량컵을 치지 않도록 주의한다.

② 백설탕은 덩어리가 있으면 깨뜨려 계량컵에 담은 후 윗면을 평평하게 깎아 중량을 측정한다.

③ 흑설탕은 다음과 같은 방법으로 중량을 측정한다.

A : 흑설탕을 계량컵에 꾹꾹 눌러 담고 평평하게 깎아 중량을 측정한다.

B : 흑설탕을 계량컵에 누르지 않고 담아 평평하게 깎은 다음 중량을 측정한다.

④ 고춧가루는 가볍게 섞은 다음 눌러지지 않게 1Tbsp으로 뜨고 윗면을 평평하게 깎아 중량을 측정한다.

⑤ 베이킹파우더를 잘 저어 덩어리를 깨뜨린 후 1tsp으로 가득 담아 내고 윗면을 평평하게 깎아 중량을 측정한다.

⑥ 우유는 1C의 눈금까지 붓고 중량을 측정한다.

⑦ 버터는 1/4C에 빈 공간이 없도록 눌러 담은 후 윗면을 평평하게 깎아 중량을 측정한다.

5. 실험 결과

종류 및 계량방법		중량(g)			
		1회	2회	3회	평균값
밀가루 1C	A				
	B				
	C				
	D				
백설탕 1C					
흑설탕 1C	A				
	B				
고춧가루 1Tbsp					
베이킹파우더 1tsp					
우유 1C					
버터 1/4C					

실험 1-3	고형 또는 반고형 식품의 부피 계량	실험일시

1. 실험목적

고형 또는 반고형 식품의 부피를 측정하는 방법에 대해 알아본다.

2. 재료 및 분량

당근 1/2개, 머핀 1개, 좁쌀

3. 실험기구

- 계량기구 : 전자저울, 눈금 실린더(250mL), 비커
- 일반기구 : 스패튤러, 기타 조리기구

4. 실험방법

① 당근 1/2개의 중량을 측정한다. 그 후 눈금 실린더에 물을 부어 200mL가 되도록 한 다음, 측정하고자 하는 당근을 넣은 후 늘어난 부피에서 200mL를 뺀다.

또는 당근을 눈금 실린더에 들어갈 만큼의 크기로 자른 후 눈금 실린더에 넣고 물을 부어 200mL가 되도록 한 다음, 물에서 당근을 조심스럽게 건져 내고 눈금을 읽은 후 200mL에서 뺀다.

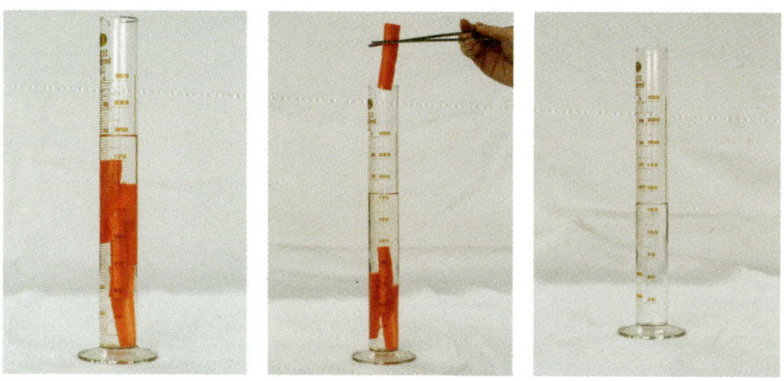

② 비커에 일정 부피 만큼의 좁쌀을 담고, 좁쌀을 반 정도 덜어 낸 뒤 머핀을 파묻고 그 위에 초기에 측정한 부피까지 좁쌀을 채운다. 이때 남은 좁쌀을 눈금 실린더에 담아 부피를 측정한다.

5. 실험 결과

종류	중량(g)	부피(mL)			
		1회	2회	3회	평균값
당근					
머핀					

tip 빵, 떡 등과 같이 흡수율이 큰 식품은 물에 담글 수 없으므로 종자치환법을 이용한다.

실험 1-4	식품의 폐기율 측정	실험일시

1. 실험목적

일상적으로 사용되는 여러 가지 식품의 폐기율을 알아본다.

2. 재료 및 분량

귤 1개×3, 사과 1개×3, 시금치 1/3단×3, 감자 1개×3, 달걀 1개×3, 생선 1마리×3

3. 실험기구

- 계량기구 : 전자저울
- 일반기구 : 기타 조리기구

4. 실험방법

① 귤과 사과는 전체 중량을 측정한 후 껍질을 벗겨 폐기 부분의 중량을 측정한다.

② 감자는 통째 씻어서 물기를 닦고 전체 중량을 측정한 후 껍질을 벗겨 폐기 부분의 중량을 측정한다.

③ 시금치는 전체 중량을 측정한 후 뿌리 부분을 다듬어 폐기 부분의 중량을 측정한다.

④ 달걀은 전체 중량을 측정한 후 깨뜨려 껍질의 중량을 측정한다.

⑤ 생선은 씻어서 물기를 닦고 전체 중량을 측정한 후 머리, 뼈, 내장 또는 껍질 등을 제거하여 폐기 부분의 중량을 측정한다.

tip 상황에 따라 생선의 종류를 달리할 수 있다.

5. 실험 결과

종류	항목	전체중량(g)	폐기량(g)	폐기율(%)	폐기율 평균(%)
귤	1회				
	2회				
	3회				
사과	1회				
	2회				
	3회				
감자	1회				
	2회				
	3회				
시금치	1회				
	2회				
	3회				
달걀	1회				
	2회				
	3회				
생선	1회				
	2회				
	3회				

※ 폐기율(%)=폐기량(g)/전체중량(g)×100

실험 1-5	건조식품의 흡수율 측정	실험일시

1. 실험목적

건조식품을 침수시간에 따라 물을 흡수시키고 중량을 측정한 후 흡수율과 흡수 중량비를 알아본다.

2. 재료 및 분량

마른 콩 20알×3, 쌀 1C×3, 마른 미역 5g×3, 마른 표고 3장×3

3. 실험기구

- 계량기구 : 전자저울, 계량컵
- 일반기구 : 기타 조리기구

4. 실험방법

① 마른 콩을 20알씩 골라 각 시료의 중량을 측정한 후 3개의 그릇에 넣고 충분한 양의 물에 담근다. 이때 물의 온도를 측정해 두고, 10분, 30분, 60분 후에 각각의 그릇 속의 시료를 꺼내어 물기를 닦고 중량을 측정한다.

② 쌀 1C의 중량을 측정한 후 위와 같은 방법으로 실험한다.

③ 마른 미역은 각각 5g씩 중량을 측정한 후 위와 같은 방법으로 실험하고, 시료를 그릇에서 꺼내 일정 시간 수분을 제거한 후 중량을 측정한다.

④ 마른 표고 3장의 중량을 측정한 후 미역과 같은 방법으로 실험한다.

5. 실험 결과

종류 \ 수침시간(분)		흡수 전 중량(g)	흡수 후 중량(g)	흡수율(%)	흡수 후 중량비
마른 콩	10				
	30				
	60				
쌀	10				
	30				
	60				
마른 미역	10				
	30				
	60				
마른 표고버섯	10				
	30				
	60				

※ 흡수율(%)=(흡수 후 중량−흡수 전 중량)/흡수 전 중량×100

※ 흡수 후 중량 비=흡수 후 중량/흡수 전 중량×100

CHAPTER

2

곡류

1. 곡류의 종류 2. 곡류의 구조 3. 곡류의 성분
4. 곡류의 조리적 특성 5. 밀가루의 조리적 특성 6. 곡류의 조리 및 이용

2

곡류는 각 지역의 기후조건과 토양의 특성에 따라 다양한 종류가 생산된다. 주된 열량 공급원으로 다량의 탄수화물을 함유하고 있고 밥, 국수 및 제과 · 제빵 등 주식의 원료로 이용된다.

1. 곡류의 종류

곡류는 대부분 화본과gramineae에 속하고, 쌀 보리, 밀, 옥수수, 호밀, 귀리, 메밀 등이 있다. 특히 보리, 밀, 호밀, 귀리 등은 맥류라고 한다.

1) 쌀

쌀rice은 전 세계 인구의 40%가 주식으로 이용하는 곡류로 비교적 덥고 습도가 높은 기후에서 잘 자란다. 벼의 품종에 따라 자포니카형Japonica type, 인디카형Indica type, 자바니카형Javanica type으로 분류하며, 자바니카형은 인디카형에 가깝기 때문에 일반적으로 자포니카형과 인디카형으로만 구분한다.

자포니카형은 모양이 둥글고 짧다. 주로 우리나라와 일본에서 많이 이용하고, 세포막이 얇아서 밥을 지을 때 전분이 세포 외부로 방출되어 호화되기 때문에 부드럽고 점성이 있다. 인디카형은 가늘고 길며, 세포막이 두꺼워서 파괴되지 않아 막 내에서 전분입자의 호화가 일어나기 때문에 찰기가 없다.

또한 쌀은 수분함량에 따라 경질미와 연질미로 구분한다. 경질미는 14~15%의 수분을 함유하고 있고, 연질미에 비해 단백질은 많고 회분은 적으며 단단하고 변질이 적어 저장성이 좋다. 연질미는 15~16%의 수분을 함유하고 경질미에 비해 변질되기 쉽다.

쌀을 구성하는 전분의 종류에 따라 찹쌀과 멥쌀로 구분할 수 있다. 멥쌀은 보통 우리가 밥을 지어 먹는 쌀로 20~25%의 아밀로오스amylose를 함유하고 있고 나머지는 아밀로펙틴amylopectin으로 구성되어 있다. 찹쌀은 주로 아밀로펙틴으로 구성되어 있어 밥을 지으면 멥쌀보다 찰진 특성이 있다. 찹쌀은 비중이 1.08로 멥쌀 1.13보다 적고, 찹쌀에는 멥쌀보다 유리지방산과 저급 불포화지방산의 함량이 많아 산패하기 쉬우므로 저온에서 보관하는 것이 좋다. 쌀은 9~14%의 단백질과 4% 이하의 지질, 다량의 칼륨과 인을 함유하고 있으나 칼슘과 철은 부족하다.

2) 보리

보리barley는 재배 역사가 가장 오래된 곡류로 파종시기에 따라 가을보리autumn barley

와 봄보리spring barley로 구분하고, 껍질의 탈락 정도에 따라 껍질보리covered barley와 쌀보리naked barley로 구분한다. 껍질보리는 껍질이 종실에 밀착하여 분리되지 않는 겉보리를 말하고, 쌀보리는 껍질이 종실에서 잘 분리되는 것을 말한다.

보리는 9.4%의 단백질과 1.2%의 지질을 함유하고 있고, 전분은 65%로 밀보다 적다.

보리의 싹인 맥아malt(엿기름)는 당화효소인 β-아밀라아제β-amylase를 이용하여 식혜, 엿, 고추장 등을 만들고 맥주, 위스키 제조에도 사용한다.

3) 밀

밀

밀wheat은 전 세계 인구의 60%가 주식으로 이용하고 있다. 독특한 단백질 특성 때문에 주로 제분하여 밀가루로 이용한다. 밀은 재배시기에 따라 겨울밀winter wheat과 봄밀spring wheat로 구분하고, 단백질의 함량에 따라 경질밀hard wheat, 중간밀, 연질밀soft wheat로 구분한다.

경질밀은 단백질함량이 13% 이상으로 낟알이 단단하며 강력분으로 제분하여 제빵에 사용되고, 연질밀은 단백질함량이 9% 이하로 낟알이 연하며 박력분으로 제분하여 제과에 사용된다. 중간밀은 단백질함량과 낟알의 상태가 경질밀과 연질밀의 중간 정도이다. 이 외에도 세몰리나semolina는 매우 단단하고 다량의 단백질을 가진 듀럼durum밀을 제분하여 만든 것으로 파스타pasta를 제조할 때 주로 이용한다.

4) 옥수수

옥수수corn는 곡류 중 저장성이 가장 좋다. 옥수수 단백질은 제인zein이며, 필수아미노산인 트립토판tryptophane이 부족하여 옥수수가 주식인 지역에서는 펠라그라pellagra에 걸리기 쉽다. 피부염dermatitis, 설사diarrhea, 치매dementia로 사망death에 이르게 된다고 하여 4D4D's disease라고도 한다. 옥수수는 시리얼 및 제과제빵 등 가공식품의 주재료로 사용되며, 옥수수 전분은 물엿 등의 가공에 사용하기도 한다. 또한 옥수수 배아는 가공하여 옥수수유를 생산한다.

5) 호밀

호밀rye은 밀보다 적응력과 저장성이 뛰어나며, 단백질 11%, 지질 2%, 식이섬유 2% 및 다량의 비타민 B군을 함유하고 있다. 제과제빵에 이용할 때 글루텐gluten을 형성하지 못하므로 빵이 덜 부풀고 색도 검어서 품질이 떨어지나 특유한 맛이 있어 밀가루와 함께 사용한다.

호밀

6) 귀리

귀리oat는 겉껍질만 제거하기 때문에 영양소 손실이 적다. 곡류 중 단백질과 지방함량이 높고, 칼슘·인·철 등의 무기질과 비타민 B군의 함량이 높다. 특히 β–글루칸β-glucan을 다량 함유하고 있어 항암, 항비만, 혈중 콜레스테롤 감소에 효과가 있다. 오트밀oatmeal은 귀리를 볶아 부수거나 납작하게 만든 것으로 유아용, 환자용, 노인용으로 죽처럼 조리하여 사용한다. 귀리는 점탄성과 수분 보유력이 약해 제빵의 재료로 단독으로 사용하기는 어려우므로 밀가루와 함께 사용한다.

귀리

7) 메밀

메밀buckwheat은 척박한 땅에서도 잘 자라며 단백질 함량이 약 11~14%이고, 필수아미노산인 라이신lysine, 트립토판, 트레오닌threonine의 함량이 다른 곡류보다 높다.

메밀

8) 수수

수수sorghum는 메수수와 차수수가 있고, 품종은 외피의 색에 따라 다르며 주로 갈색을 식용으로 이용한다. 주단백질은 글루텔린glutelin이며 메수수가 차수수보다 단백질함량이 낮으며 밥, 떡(수수부꾸미), 고량주의 원료 등으로 사용한다.

수수

9) 조

조foxtail millet는 저장성이 높은 곡류로 메조와 차조가 있다. 차조는 메조보다 단백질, 지방함량이 높다. 특히 조에는 라이신, 트립토판의 아미노산과 칼슘 및 비타민 B군이 다량 함유되어 있다. 소화율이 99.4%로 높아 이유식과 치료식에 이용한다.

조

10) 기장

기장millet은 노란색으로 조와 형태가 비슷하나 크기가 약간 크며, 조보다 성숙이 빠르고 척박한 산간 지방에서도 잘 자란다. 쌀과 섞어 밥, 떡, 엿, 소주의 원료로 사용한다.

기장

11) 율무

율무adlay, Job's tears 종실은 타원형에 골을 가지고 있으며 갈색을 띤다. 다른 곡류에 비해 단백질과 지질함량이 높다. 율무의 전분은 찰기를 가지고 있어 제분하여 떡을 만들고, 율무차로도 이용한다.

율무

2. 곡류의 구조

1) 쌀

왕겨를 제거한 현미는 외피(겨), 배아, 배유로 구분되며, 그림 2-1 과 같이 배유가 91~92%로 가장 비율이 높고, 외피는 5~6%, 배아는 2~3%로 구성되어 있다. 배유는 주로 우리가 먹는 부위로 대부분 탄수화물로 구성되어 있고, 소량의 단백질, 무기질 및 비타민 등이 함유되어 있다. 배아에는 단백질, 지질, 무기질함량이 높으나 도정과정에서 외피와 함께 제거된다.

현미는 외피 층을 제거한 정도에 따라 5분 도미는 50%, 7분 도미는 70%, 10분 도미(백미)는 100%의 도정도를 나타낸다. 백미는 겨와 배아가 차지하는 무게(8%)를 제거하여 도정률은 약 92%가 된다.

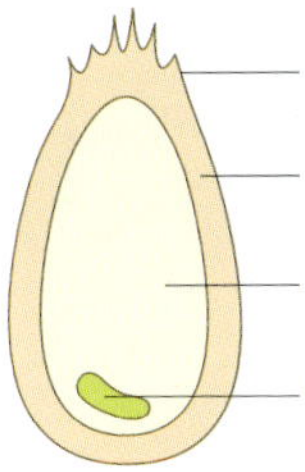

그림 2-1 쌀의 구조

2) 밀

밀은 그림 2-2 와 같이 껍질층, 배유, 배아로 이루어져 있다. 배유는 밀의 83~84%를 차지하며, 이 배유 부분을 제분한 것이 밀가루이다. 배아는 전체 밀의 2%로 상당량의 지질이 포함되어 있어 저장과정에서 맛과 질을 변화시키기 때문에 제분 시 껍질층과 함께 분리시킨다. 껍질층은 밀의 14~15%를 차지하며, 다량의 셀룰로오스cellulose를 포함하고 있다.

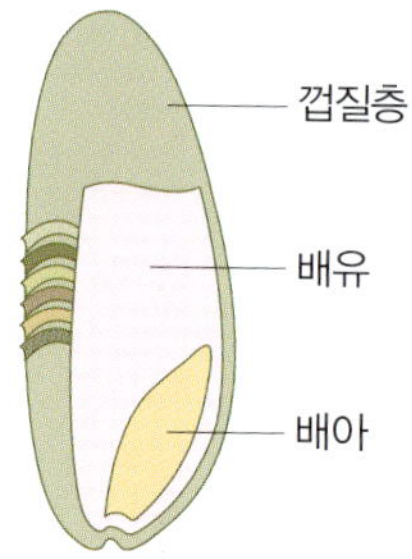

그림 2-2 밀의 구조

3) 옥수수

옥수수는 그림 2-3 과 같이 과종피, 배유, 배아로 이루어져 있고, 다른 곡류와 달리 12~14%가 배아로 구성되어 있다. 배아는 33~40%의 유지를 함유하고 있으므로 이 부분을 가공하여 옥수수유를 얻는다.

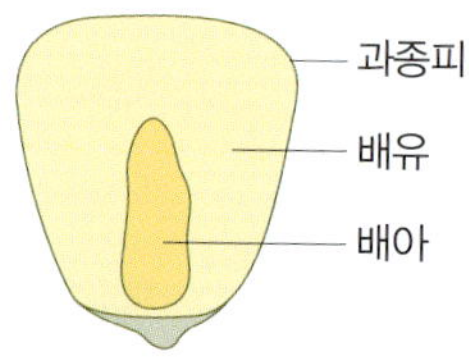

그림 2-3 옥수수의 구조

3. 곡류의 성분

1) 탄수화물

곡류의 전분은 그림 2-4 와 같이 직쇄상linear의 아밀로오스와 가지상branched의 아밀로펙틴 분자로 구성되어 있다. 전분은 치밀하게 결합된 결정 부분과 비결정 부분이 규칙적으로 배열된 미셀micelle 형태의 입자구조를 가진다.

아밀로오스는 멥쌀에 20~25%, 찹쌀에 0~6%가 함유되어 있고, 아밀로오스의 함량이 많을수록 호화와 노화가 쉽게 일어난다. 아밀로펙틴은 멥쌀의 75~80%, 찹쌀의 94~

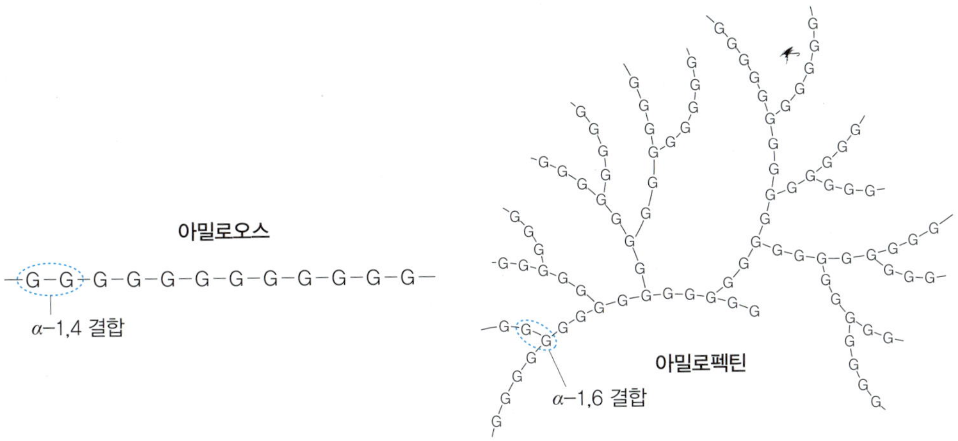

그림 2-4 아밀로오스와 아밀로펙틴의 구조

100%를 차지하고 있다.

아밀로오스는 포도당이 6~8개 분자마다 한 번 회전을 하는 나선구조를 하고, 아밀로펙틴은 아밀로오스와 같은 직선상의 α-1,4결합으로 결정된 영역과 분지상의 α-1,6결합이 모여 있는 비결정성 영역으로 구성된 미셀구조를 하고 있으며 전체적으로 구상을 이룬다.

전분의 크기와 모양은 곡류의 종류에 따라 다르다. 쌀 전분은 2~10μm로 크기가 비교적 작고 균일한 다면형이나, 감자 전분은 15~100μm로 크기가 크고 불균일한 달걀형이다.

호화된 전분에 요오드시약을 첨가하면 아밀로오스함량이 높을수록 청색을 띠고, 아밀로펙틴함량이 높을수록 적자색을 띠게 된다.

2) 단백질

곡류에는 단백질이 약 10% 내외로 함유되어 있다.

쌀 단백질은 주로 글루텔린에 속하는 오리제닌oryzenin으로 아미노산 조성은 아르기닌arginine은 풍부하나 라이신, 메티오닌methionine, 트립토판 등의 필수아미노산이 부족하므로 동물성 식품 및 두류와 함께 섭취하면 필수아미노산의 상호 보완 효과가 있다.

보리 단백질은 주로 프롤라민prolamin에 속하는 호르데인hordein으로 10% 정도 함유되어 있다.

밀가루 단백질은 약 9~13% 정도 함유되어 있고 가용성 단백질(15%)과 불용성 단백질(85%)로 존재한다. 가용성 단백질에는 알부민albumin과 글로불린globulin이 있고, 불용성 단백질에는 글리아딘gliadin과 글루테닌glutenin이 있다. 글리아딘은 타원형으로 신장성과 점성이 크고, 글루테닌은 섬유상으로 탄성이 크다.

3) 지질

곡류의 지질은 주로 겹질과 배아 속에 많이 존재하기 때문에 도정과 제분과정을 통해 대부분 손실된다. 즉, 현미에는 지질이 약 2.1% 정도 함유되어 있으나, 백미는 지질함량이 매우 낮다.

4) 비타민

곡류의 비타민은 주로 비타민 B군으로 배아 부분에 비타민 B_1과 B_2가 풍부하다. 특히 보리는 다른 맥류에 비해 비타민 B군이 풍부하다. 그러나 백미는 도정과정에서 배아가 제거되므로 비타민함량이 매우 낮다.

5) 무기질

곡류의 무기질은 대부분 겹질에 존재하므로 도정과정에서 많이 소실된다. 쌀에는 인, 칼륨, 마그네슘 등이 풍부하고 칼슘, 철 등은 부족하다. 보리는 다른 맥류에 비해 칼슘, 인, 철 등이 풍부하다.

6) 기타 성분

쌀겨에는 토코페롤tocopherol, γ-오리자놀γ-oryzanol, β-시토스테롤β-sitosterol, 페룰산ferulic acid 등의 생리활성물질이 함유되어 있어 콜레스테롤 저하 효과, 혈압 상승 억제 및 돌연변이 억제 효과 등이 있다.

보리에는 2~8% 정도의 불소화성 다당류의 일종인 β-글루칸β-glucan을 포함하고 있어 면역증강 효과 및 당뇨병 예방 효과가 있다.

4. 곡류의 조리적 특성

곡류의 주성분인 전분은 호화, 노화, 겔화, 호정화, 당화 등의 조리적 특성을 갖는데, 이를 이용하여 다양한 식품을 제조한다.

1) 호화

찬물에 녹지 않는 전분(β-전분)을 가열하면 입자가 팽창하고 점성이 높은 반투명의 콜로이드colloid 상태가 되는데 이것을 호화gelatinization 또는 α화라고 한다.

즉, 생전분(β-전분)에 물을 넣고 가열하면 초기에는 비결정성 영역에서만 물이 침투되어 무게의 25~30%의 수분을 흡수한다. 온도가 60~65℃가 되면 수분을 흡수한 전분 입자는 무게의 3~25배까지 급격히 팽윤swelling한다. 이때 규칙적이고 치밀했던 배열상태의 미셀 구조가 열에 의하여 끊어지면서 규칙성을 잃고 흐트러지면서 내부에 생긴 공간 사이에 물분자가 들어간다. 이로 인해 점성과 투명도가 증가하여 반투명의 콜로이드 상태가 된다. 이를 정리하면 그림 2-5와 같이 나타낼 수 있다. 이러한 호화의 대표적인 예는 밥, 떡, 국수 등이 있다.

호화에 영향을 주는 요인으로는 전분의 종류, 수분함량, 온도, 수침, 젓는 정도, 첨가물 등이 있다.

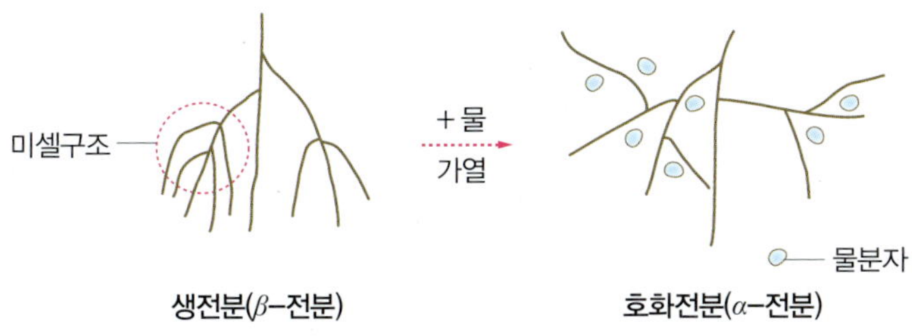

그림 2-5 전분의 호화

(1) 전분의 종류

전분 입자의 종류에 따라 호화에 영향을 준다. 감자의 호화 종결온도는 58~66℃로 쌀의 호화 종결온도인 68~78℃보다 낮아 낮은 온도에서 호화가 가능하다. 또한 아밀로펙틴은 아밀로오스보다 호화되기 어렵기 때문에 찹쌀로 조리하는 경우 조리시간이 더 길어진다. 따라서 찹쌀로 밥을 할 때는 충분히 불린 후 수증기를 이용하여 찜통에서 찌는 방법을 많이 이용한다.

(2) 수분함량

수분함량이 많을수록 호화가 잘 일어난다. 수분함량이 높은 햅쌀은 물에 불리지 않고 밥을 지어도 된다. 찹쌀로 밥을 지을 때는 멥쌀보다 적은 약 0.9배의 수분이 필요하다.

(3) 가열온도

호화는 가열온도가 높을수록 잘 일어나므로 높은 온도에서 조리하는 경우 조리시간을 단축시킬 수 있다. 쌀의 종류에 따라 호화온도가 다르다. 멥쌀의 호화온도는 65℃이고, 찹쌀의 호화온도는 70℃로, 찹쌀은 높은 온도에서 가열하거나 찌는 것이 좋다.

(4) 수침시간

전분을 물에 담근 후 가열하면 호화가 잘 일어나고 균질한 질감을 얻을 수 있다. 쌀을 물에 불릴 때 여름에는 30분, 겨울에는 90분 정도 불리면 쌀 무게의 20~30%의 물이 흡수된다. 물의 온도에 따라 물의 흡수속도와 양이 달라지나 보통 30분 이내에 급속한 흡수가 일어나고, 2시간 이내에 흡수 포화상태에 도달하게 된다.

(5) 젓는 정도

호화 초기에는 잘 저어주면 좋으나, 지나치게 저어주면 전분 입자가 팽창하여 파괴되면서 점도가 낮아진다.

(6) 첨가물

설탕은 물에 대한 용해성이 매우 크므로 전분 입자와 경쟁적으로 수화하려는 특성이 있다. 적은 양의 설탕은 호화에 큰 영향을 주지 않으나, 50% 이상 설탕을 첨가하면 호화를 억제하고 점도를 저하시킨다.

지방은 물의 흡수를 저해하여 호화를 억제한다. 따라서 쌀이 호화되어 퍼지는 것을 막아 텍스처를 쫄깃쫄깃하게 만든다.

대부분 염류는 팽윤을 촉진시켜 전분의 호화온도를 내려줌으로써 호화를 촉진하는 팽윤제로 작용하지만, 황산염은 호화를 억제하는 경향이 있다.

알칼리성 물질을 첨가하면 팽윤과 호화가 촉진되나 산성 물질을 첨가하면 전분이 산에 의해 가수분해되어 호화가 억제된다.

부엌 둘러보기

맛있는 탕수육 소스를 만들기 위해서는?

신맛과 단맛을 주고, 어느 정도 점도를 유지해야 하는 탕수육 소스를 만들 때는 설탕과 산이 전분의 호화를 방해하기 때문에 전분을 호화시킨 후 설탕과 식초를 첨가하는 것이 좋다.

2) 노화

노화retrogradation란 호화된 α-전분이 차차 굳어서 β-전분으로 되돌아가는 현상을 말한다. 즉, 호화된 α-전분을 실내온도에 방치하면 근접하고 있는 분자끼리 수소결합하여 결정영역의 재배열로 규칙적인 미셀 구조를 형성한다. 그러나 전분의 호화와 노화는 가역적인 현상이 아니어서 노화된 전분이 호화되기 전의 전분상태로 되돌아가는 것은 아니다. 노화가 일어나면 맛이 없어지고 소화효소의 작용을 받기 어려워진다. 그림 2-6은 전분의 노화를 나타낸 것이다.

노화에 영향을 주는 요인으로는 전분의 종류, 수분함량, 온도, 첨가물 등이 있다.

(1) 전분의 종류

아밀로오스가 많을수록 노화되기 쉬우므로 멥쌀떡이 찹쌀떡보다 더 빨리 굳는다.

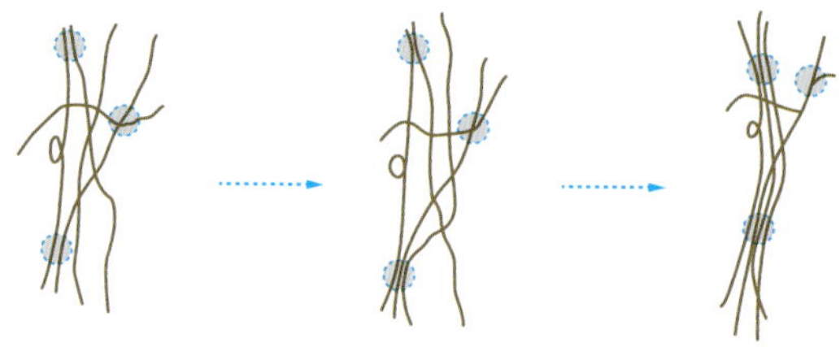

그림 2-6 전분의 노화

(2) 수분함량

수분함량이 30~60%일 때 노화가 촉진된다. 노화를 억제하려면 수분함량은 15% 이하 또는 60% 이상으로 조절한다. 비스킷, 국수 및 죽의 노화속도는 더디게 일어난다.

(3) 온도

온도가 빙점 이하 또는 60℃ 이상에서는 노화가 잘 일어나지 않으나, 0~4℃의 냉장고 온도에서는 쉽게 일어난다. 일반적으로 온도가 낮은 겨울철에 밥, 떡, 빵 등이 빨리 굳는다.

(4) 첨가물

다량의 설탕은 수분을 흡습하여 전분의 노화를 억제한다. 따라서 많은 양의 설탕이 첨가된 제과제빵제품은 노화가 느리다.

지방은 분자들의 수소결합을 방해하고, 모노글리세라이드monoglyceride와 디글리세라이드diglyceride 등의 유화제는 안정도를 증가시켜 노화를 억제한다.

무기염류는 일반적으로 노화를 억제하고 호화를 촉진하나, 황산염은 노화를 촉진한다. 또 강한 산성에서는 노화가 촉진되나, 알칼리성에서는 노화가 억제된다.

3) 겔화

겔화gelation란 호화된 전분이 급속하게 식어서 굳어지는 것이다. 호화 시 유리되었던 아밀로오스 분자들이 인접한 분자끼리 수소결합을 하여 입체적인 망상구조를 형성하고, 내부에 물이 갇히게 된다. 아밀로펙틴은 겔화에 큰 영향을 주지 않으나 아밀로오스의 함량이 많을수록 더 단단한 겔을 형성한다. 따라서 고구마와 감자 등 서류 전분은 겔화가 잘 일어나지 않으나, 도토리, 녹두, 메밀, 동부 등의 전분은 겔화가 잘 일어나므로 도토리묵, 청포묵, 메밀묵 등 묵을 만드는 데 이용한다.

겔을 지나치게 교반하거나 가열시간이 길어지면 전분 입자가 붕괴되어 겔의 강도가 저하된다. 식초와 레몬 등의 산성 물질은 일부 전분을 가수분해하여 점도를 저하시키나 설탕은 겔 강도를 높이는 역할을 한다. 겔이 형성된 후 그대로 방치하면 겔의 망상구조가 수축하여 겔 속에 있던 수분이 빠져나오는 이장syneresis현상이 일어난다.

4) 호정화

호정화dextrinization란 수분을 가하지 않고 160~170℃에서 가열하여 전분이 다양한 길이의 덱스트린dextrin으로 분해되는 현상을 말한다. 이 덱스트린은 물에 녹기 쉬운 가용성 전분으로 점성이 낮으며, 효소의 작용을 받기 쉬워 소화가 쉽다. 이러한 호정화는 뻥튀기, 팝콘, 시리얼, 토스트 등에서 볼 수 있고, 밀가루를 버터에 볶는 루roux도 호정화의 예이다. 그림 2-7은 옥수수의 호정화 과정을 그림으로 제시한 것이다.

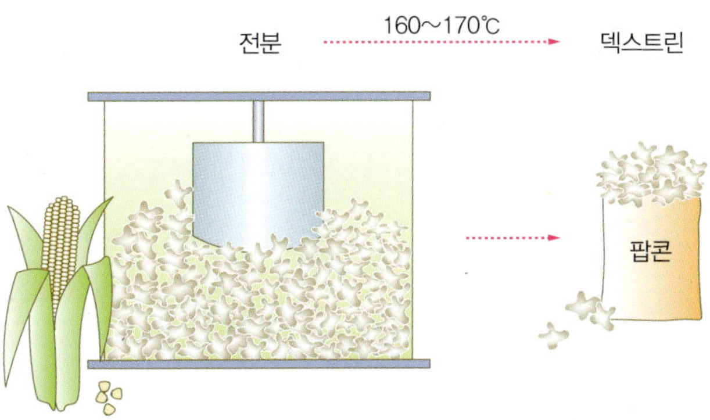

그림 2-7 옥수수의 호정화 과정

5) 당화

당화saccharification란 전분에 효소 또는 산을 첨가하여 전분이 단당류, 이당류 또는 올리고당으로 가수분해되는 것으로 단맛이 증가한다.

예를 들어, 식혜의 경우는 보리를 싹 틔운 엿기름의 전분 분해효소인 β-아밀라아제를 이용한다. 이 효소는 55~66℃에서 전분을 부분적으로 당화시켜 맥아당maltose을 만들며, 이를 농축시키면을 조청이 된다. 그리고 조청을 더 농축시키면 갈색의 엿을 만들 수 있다.

5. 밀가루의 조리적 특성

밀가루를 반죽하면 밀가루 단백질이 점탄성을 가진 글루텐을 형성한다. 글루텐은 밀가루 단백질인 글루테닌과 글리아딘이 수분과 결합하여 삼차원 망상구조를 형성한 것이다.

밀가루 단백질이 수화되면 긴 실모양의 글루테닌이 망상구조를 형성하고, 그 망상구조 사이에 짧고 동글동글한 모양의 글리아딘이 끼어서 글루텐이 만들어진다. 글루테닌은 글루텐의 탄성에 영향을 주고, 글리아딘은 글루텐의 신장성과 점성에 영향을 준다. 글루텐

그림 2-8 글루텐 형성

은 잡아당겨도 잘 끊어지지 않을 정도의 점성과 탄성을 가지는데, 오랫동안 반죽할수록 질기고 점성이 강한 글루텐이 형성된다 그림 2-8. 밀가루 반죽을 물로 씻어 전분을 제거한 글루텐을 오븐에 구우면 수분이 증발되면서 크게 부푼다. 이러한 글루텐의 성질을 이용하여 강력분은 빵을 만들 수 있고, 박력분은 케이크류를 만들 수 있으며, 중력분은 다용도제품을 만들 수 있다.

글루텐 형성에 영향을 주는 요인으로는 밀가루의 종류, 입자의 크기, 온도, 물 첨가방법, 치대는 정도, 첨가물 등이 있다.

1) 밀가루의 종류

강력분을 반죽하면 박력분에 비해 더 단단하고 탄력 있는 반죽이 된다. 따라서 식빵을 만들 때는 강력분을 이용하는 것이 적합하다.

2) 입자의 크기

밀가루 입자의 크기가 작을수록 글루텐의 형성이 용이하다.

3) 온도

반죽의 온도가 높을수록 단백질 수화속도가 가속화되어 글루텐 생성속도를 빠르게 하는데, 온도가 너무 높으면 반죽이 연화된다. 또한 반죽의 온도가 낮아질수록 글루텐 형성이 억제되는데, 예를 들어 냉수로 반죽한 튀김옷을 입힌 튀김은 글루텐 형성이 억제되어 더 바삭바삭하다.

4) 물 첨가방법

다량의 물을 한 번에 첨가하는 것보다 소량씩 첨가하는 것이 글루텐의 형성을 촉진한다.

5) 치대는 정도

오래 반죽할수록 점성이 강한 글루텐이 형성되나, 반죽을 너무 많이 치대면 글루텐 섬유가 지나치게 늘어나 가늘어지고 끊어져 탄력성이 감소한다.

6) 첨가물

소금은 글루텐의 망상구조를 치밀하게 하여 반죽의 점탄성을 높이고, 설탕은 글루텐의 형성을 방해하여 반죽을 묽게 만든다. 달걀에는 수분이 많으므로 가열하기 전에는 반죽을 질게 하고, 가열하면 단백질이 응고하면서 제품의 질을 단단하게 한다.

유지는 밀가루 반죽의 글루텐 표면에 얇은 막을 형성하여 글루텐의 망상조직 발달을 억제한다.

6. 곡류의 조리 및 이용

1) 밥

밥을 맛있게 지으려면 불 조절이 중요하다. 밥 짓는 초반에는 센 불로 가열하여 쌀알에 수분이 흡수되도록 한다. 밥물이 끓으면 불을 약하게 조절하여 쌀알 속까지 수분이 완전히 흡수되도록 한다. 쌀 전분이 호화되기 위해서는 98~100℃의 온도를 20~30분간 유지시켜야 하며, 마지막에는 불을 끄고 뜸을 들여 쌀알이 완전히 호화되도록 한다. 이때 솥의 두께가 얇으면 보온이 잘 되지 않으며, 수증기가 뚜껑에 맺혀 물방울이 아래로 떨어져 밥이 질척해지고 밥맛이 없어진다.

맛있는 밥을 짓기 위한 물 첨가량은 쌀 무게의 1.4~1.6배, 부피의 1.1~1.2배가 적당하다.

2) 떡

송편, 경단, 화전 등은 끓는 물로 익반죽한다. 특히 아밀로펙틴 함량이 많은 쌀은 쉽게 팽윤되고 끈기가 생기므로 익반죽하여 일부를 호화시키면 익히는 시간도 단축되고 모양도 흐트러지지 않는다.

인절미는 쌀을 찔 때 완전히 호화시켜 오랫동안 쳐서 떡을 만들도록 한다. 충분히 호화시켜 오랫동안 친 떡은 내부의 아밀로펙틴이 밖으로 노출되어 점탄성이 증가하므로 더 쫄깃쫄깃하며 노화도 지연된다.

설기떡은 불이 너무 세면 가루가 호화되기 전에 마르므로 떡이 설익게 된다. 또한 뜸들이는 시간이 길어지면 누렇게 변색이 될 수 있으므로 주의한다.

3) 국수

국수를 삶을 때는 국수 무게의 6~7배의 넉넉한 물에 삶도록 한다. 물이 너무 적은 경우는 국수를 넣는 순간 온도가 갑자기 떨어져 단시간에 호화되는 것을 방해하며 익는 동안 국수가 서로 달라붙게 된다. 또한 삶는 동안 끓어오를 때 소량의 찬물을 2~3회 넣어 주면 국수 중심부까지 호화되어 국수를 탄력 있게 삶을 수 있다. 다 익은 국수는 찬물에 단시간에 헹구어 냉각시키면 국수 표면의 점성이 제거되어 매끄럽고 탄력이 있는 국수가 된다.

스파게티spaghetti 면을 쫄깃쫄깃하게 삶기 위해서는 1%의 소금물에 삶는다. 물이 끓으면 면을 부채 모양으로 넣어 면이 서로 달라붙지 않게 하고, 조금 덜 삶으면 씹었을 때 쫄깃함을 느낄 수 있다.

부엌 둘러보기

중화면이 쫄깃한 이유는?

글루텐(gluten) 형성을 촉진시키기 위하여 탄산나트륨(sodium carbonate)과 탄산칼륨(potassium carbonate)의 혼합물인 알칼리제(간수)를 1~2% 첨가하기 때문이다.

스파게티가 일반 우동이나 국수보다 더 노란 이유는?

스파게티에 사용되는 세몰리나(semolina)에는 카로티노이드(carotenoid) 색소가 함유되어 있기 때문이다. 세몰리나는 단백질의 함량이 많아 글루텐(gluten) 형성이 잘 되고, 글루텐의 망상구조가 강하다.

4) 제과제빵류

일반적으로 강력분은 이스트빵yeast bread, 퀵브레드quick bread 등과 같은 빵류에, 박력분은 케이크cake, 쿠키cookie, 파이pie 및 패스트리pastry과 같은 제과류에 사용하며, 중력분은 다목적으로 사용한다.

실험 2-1	물의 분량을 달리한 백설기의 품질 특성	실험일시

1. 실험목적

물의 분량을 달리하여 제조한 백설기의 품질을 비교한다.

2. 재료 및 분량

시료	쌀가루(g)	소금(tsp)	물(g)	설탕(g)
A	200	1/3	10	40
B			20	
C			30	
D			40	

3. 실험기구

- 계량기구 : 전자저울, 계량스푼
- 계량일반기구 : 찜통, 면포, 기타 조리기구

4. 실험방법

① 쌀가루에 소금을 넣어 잘 섞는다.

② 각 시료에 물을 넣어 잘 섞어 체로 쳐 내린 후 설탕을 섞는다.

③ 일정한 틀에 면포를 깔고 시료를 넣는다. 일정한 틀이 없는 경우는 두꺼운 종이로 10×10×5cm 크기의 틀을 만들거나 종이 우유팩(1,000mL)을 5cm 높이로 만들어 포일로 싸서 이용한다.

④ 마른 면포를 위에 얹고, 뚜껑을 닫은 후 찜기에서 스팀이 올라오면 30분 정도 익힌다.

⑤ 식힌 후 각 시료의 중심 부분을 1cm 간격으로 썰어 백설기의 품질을 평가한다.

tip 오차를 줄이기 위해 같은 찜통에서 한번에 찐다.

5. 실험결과

시료	단맛[1]	씹히는 질감[2]
A		
B		
C		
D		

[1] 단맛은 시식 후 순위법으로 평가한다(가장 단 시료가 1순위).

[2] 씹히는 질감은 시식 후 순위법으로 평가한다(가장 쫀득한 시료가 1순위).

실험 2-2	가열에 따른 곡류의 품질 비교	실험일시

1. 실험목적

여러 가지 곡류의 가열조리에 의한 품질 변화를 비교한다.

2. 재료 및 분량

멥쌀 1/4C, 찹쌀 1/4C, 납작보리 1/4C, 통보리쌀 1/4C, 메좁쌀 1/4C, 율무 1/4C, 수수 1/4C, 물 1C×7

3. 실험기구

- 계량기구 : 계량컵
- 계량일반기구 : 냄비, 기타 조리기구

4. 실험방법

① 곡류를 깨끗이 씻어 물을 뺀 후 각각 1C의 물을 붓고 센불에서 3분, 약불에서 12분간 가열한다. 모든 곡류가 같은 시간에 조리가 끝나도록 한다.

② 조리 후의 양, 점성, 외관 및 기타사항을 기록한다.

tip 오차를 줄이기 위해 18cm 지름 이하의 동일한 냄비와 동일한 화력에서 가열한다.

5. 실험결과

시료		조리된 양(C)	호화된 정도[1]	
			손으로 으깨기	혀로 으깨기
A	멥쌀			
B	찹쌀			
C	납작보리			
D	통보리쌀			
E	메좁쌀			
F	율무			
G	수수			

[1] 호화된 정도는 손으로 입자를 으깨는 방법과 시식 시 혀로 으깨는 방법으로 평가하여 묘사분석한다.

실험 2-3	농도를 달리하여 제조한 도토리묵의 품질 특성	실험일시

1. 실험목적

농도를 달리하여 제조한 도토리묵의 관능적 특성을 비교해 본다.

2. 재료 및 분량

시료	물(mL)	도토리가루(g)	소금(tsp)
A	376	24(6%)	1/2
B	368	32(8%)	
C	360	40(10%)	
D	352	48(12%)	

3. 실험기구

- 계량기구 : 전자저울, 비커, 계량스푼
- 계량일반기구 : 냄비, 일정한 틀, 기타 조리기구

4. 실험방법

① 냄비에 각 비율로 물과 체에 친 도토리가루를 풀어 현탁액을 만들고 소금을 넣는다.

② 약한 불에서 냄비를 올려 놓고 바닥에 눋지 않도록 잘 저어가면서 10분간 가열한다. 호화되지 않으면 겔화가 일어나지 않으므로 충분히 가열한다.

③ 일정한 틀에 담아 실온에서 30분간 식힌 후 냉장고에 넣어 1시간 굳힌다.

④ 굳힌 묵을 꺼내어 3×4×1cm 또는 4×1×1cm의 크기로 썰어 품질을 비교한다.

5. 실험결과

시료	탄력성[1]	단단한 정도[2]	맛[3]
A			
B			
C			
D			

[1] 탄력성은 손으로 휘어 보고 순위법으로 평가한다(가장 탄력이 있는 시료가 1순위).

[2] 단단한 정도는 손으로 눌러 보고 순위법으로 평가한다(가장 단단한 시료가 1순위).

[3] 맛은 묘사분석한다.

실험 2-4	부재료가 국수의 성상에 미치는 영향	실험일시

1. 실험목적

국수 제조 시 물과 달걀의 역할을 비교해 보고, 콩가루의 첨가 여부에 따른 차이를 파악해 본다.

2. 재료 및 분량

시료	밀가루(g)	달걀(개)	물(C)	콩가루(g)	소금(g)
A	100	–	1/4	–	2
B	80			20	
C	100	1	–	–	
D	80			20	

3. 실험기구

- 계량기구 : 전자저울, 계량컵, 자
- 계량일반기구 : 냄비, 밀대, 기타 조리기구

4. 실험방법

① 제시한 재료 배합으로 반죽하여 clean up 한 후 50회씩 같은 강도로 주물러 젖은 행주에 싸서 15분간 방치한다.

② 각 시료의 탄력과 신장 정도를 비교한다. 신장 정도는 밀대로 민 반죽을 가로 3cm, 세로 10cm, 두께 1cm의 크기로 잘라서 양손으로 잡고 찢어지지 않도록 최대로 늘려 반죽의 길이를 비교한다.

A B C D

반죽

→

A B C D

늘린 반죽

③ 반죽을 0.2cm 두께로 밀어서 0.5cm 간격으로 썰고, 끓는 물에 4분간 삶은 후 냉수에 헹구어서 2분간 물을 빼서 국수의 품질을 비교한다.

tip clean up이란 재료가 수화되어 하나의 덩어리를 형성하는 것을 말한다.

A B C D

5. 실험결과

실험이 완성된 시료를 비교할 때는 A와 C, B와 D를 비교하여 달걀의 첨가 여부에 따른 차이를 비교하고, A와 B, C와 D를 비교하여 콩가루의 첨가 여부에 따른 차이를 비교한다.

시료	반죽		삶은 국수	
	탄력[1]	신장 정도(cm)[2]	쫀득한 정도[3]	표면 등의 외관[4]
A				
B				
C				
D				

1) 탄력성은 손으로 눌러 보고 원상태로 돌아오는 정도를 순위법으로 평가한다(가장 탄력이 있는 시료가 1순위).

2) 신장 정도는 실험방법에서 제시한 대로 측정하고 길이를 기록한다.

3) 쫀득한 정도는 시식 후 순위법으로 평가한다(가장 쫀득한 시료가 1순위).

4) 표면 등의 외관은 묘사분석한다.

CHAPTER

3

당류

3

당류는 주로 단맛을 내는 감미료(sweeteners)로 사용되며 종류, 입체구조 등에 따라 단맛에 차이가 있다. 식품의 갈변 현상, 빵의 텍스처 향상, 잼과 젤리의 겔 형성 등에 관여한다.

1. 당의 분류

당류는 구성된 당에 따라 단당류, 소당류, 다당류로 구분한다. 단당류monosaccharide는 가수분해에 의해 더 이상 간단한 당류로 분해되지 못하는 당으로 포도당, 과당, 갈락토오스가 있다. 소당류oligosccharide는 2개의 단당류가 결합한 설탕, 맥아당, 유당 등의 이당류disaccharide와 3~10개의 단당류가 결합한 기능성 올리고당류oligosaccharide가 있다. 그 외 일반적으로 단맛이 거의 없는 전분, 식이섬유 등의 다당류polysaccharide가 있다.

1) 포도당

포도당glucose은 이당류와 다당류 등을 구성하는 기본적인 단당류이다. 포도를 비롯한 과일에 많이 함유되어 있고 이성체가 존재한다. 즉, 1번 탄소의 -OH기 위치에 따라 α형과 β형으로 분류하며 구조는 그림 3-1과 같다. 일반적으로 사용하는 포도당은 α형으로, 단맛은 β형보다 1.5배 더 달지만 불안정하다. α형의 포도당을 수용액에 방치하거나 가열하면 β형으로 전환되어 단맛이 약해진다.

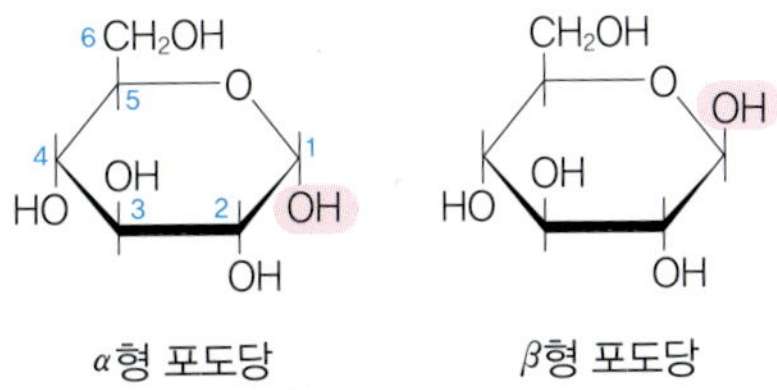

그림 3-1 포도당의 구조

2) 과당

과당fructose은 천연 당 중에서 감미도가 가장 높은 단당류로 과일과 꿀에 많이 존재한다. 과당은 흡습성이 강하여 결정화하기 어려우며 벌꿀의 끈적끈적한 원인물질이기도 하다. 또한 점도는 포도당이나 설탕보다 낮으며 포화되기 쉽고 용해도가 크다. 과당의 이성체는 β형이 α형보다 3배 더 달며, β형은 온도가 낮아지면 많아진다. 따라서 과당이 많은 과일은 낮은 온도에서 더 달게 느껴지므로 차게 먹는 것이 좋다. 그림 3-2는 과당의 구조를 나타낸 것이다.

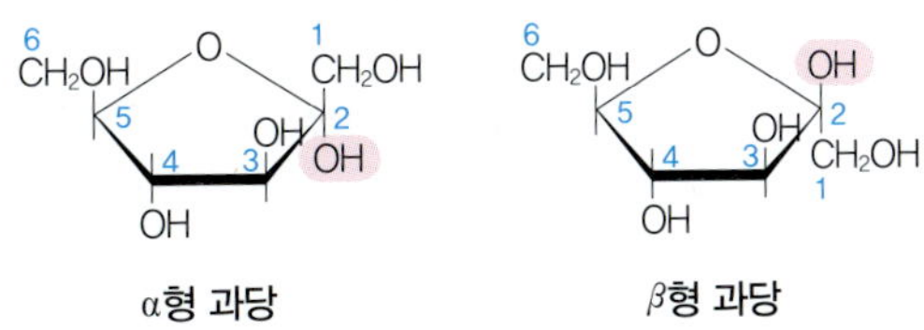

그림 3-2 과당의 구조

3) 갈락토오스

갈락토오스galactose는 포유류의 유즙에만 존재한다. 뇌세포의 당지질glycolipid의 구성 성분으로 유아의 뇌 발달을 돕는다. 단당류 중 단맛이 가장 약하다.

4) 설탕

설탕sucrose은 포도당과 과당이 결합된 이당류로 자당, 서당이라고도 불린다. 가장 오랫동안 널리 사용되고 있는 천연 감미료이다.

설탕은 주로 사탕수수와 사탕무를 압착하여 짜낸 즙액을 가열, 침전, 정제과정을 거쳐 만들며, 용도와 가공방법에 따라 백설탕, 황설탕, 흑설탕, 굵은 정백당, 각설탕, 과립당, 커피슈가, 분당 등의 종류로 나뉜다. 조리에 가장 많이 사용되는 설탕은 순도 99.9%의 백설탕으로 일정한 단맛을 가지고 있으므로 감미도 측정 시 표준물질로 이용한다.

5) 맥아당

맥아당maltose은 이당류로서 포도당 두 분자가 결합된 형태로 맥아(엿기름)에 다량 함유되어 맥아당이라고 한다. 맥아는 보리를 적당한 수분, 온도, 산소의 조건에서 발아시킨 것을 말한다. 맥아당은 특유의 향과 맛이 있으며, 감미도는 설탕의 약 30~50% 정도로 주로 맥주, 밀크셰이크, 캔디, 식혜, 엿 등을 만들 때 이용한다. 물에 쉽게 녹으며, 산 또는 효소maltase로 가수분해된다.

6) 유당

유당lactose은 포유동물의 유즙에 존재하여 젖당이라고도 한다. 포도당과 갈락토오스가 결합된 형태로 모든 당 중에서 단맛이 가장 약하지만 제빵제품의 캐러멜화 반응caramelization에 사용된다.

7) 올리고당

올리고당은 천연식품에서 합성하거나 다당류를 효소로 가수분해하여 형성되는 3~10개의 단당류가 결합된 소당류로 토마토, 양파, 꿀 등에 소량 존재한다. 소화 및 흡수가 되지 않는 저열량 감미료이며, 비피더스균의 증식 인자로 작용하여 저충치성을 가지고 있다. 또한 인슐린 분비에 영향을 주지 않아 당뇨병 환자에게 사용된다.

「식품공전」에서 올리고당은 6가지로 분류하며 설탕이 주원료인 프럭토올리고당fructo-oligosaccharide과 전분이 원료인 이소말토올리고당isomaltooligosaccharide, 말토올리고당maltooligosaccharide이 있고, 유당이 원료인 갈락토올리고당galactooiligosaccharide이 있다. 그 외 자일란xylan이 원료인 자일로올리고당xylooligo saccharide과 올리고당을 혼합한 혼합올리고당이 있다.

8) 전화당

전화당invert sugar은 설탕을 가열하거나 산 또는 전화효소invertase에 의해 가수분해하여 생성된 포도당과 과당의 혼합물이다. 천연에 존재하는 전화당은 벌의 침 속에 있는 효소invertase에 의해 설탕이 가수분해된 꿀에 있으며, 설탕보다 감미도와 용해도가 높기 때문에 결정화를 방지하므로 가공식품에 사용한다.

9) 당알코올

당알코올sugar alcohol은 당이 환원되어 생성된 화합물로 소르비톨sorbitol, 만니톨mannitol, 자일리톨xylitol 등이 대표적이다. 소장에서 천천히 흡수되어 혈당을 급격하게 높이지 않는 특징이 있어 저열량 다이어트 식품, 검gum, 무설탕 캔디 등에 사용한다. 그러나 많은 양을 섭취하면 복부 팽만감이나 설사, 가스 등의 부작용이 있다. 소르비톨은 감미료 이외에 어육 및 축산가공품의 단백질 변성 방지용으로 많이 이용되고, 만니톨과 자일리톨은 껌 등에 사용된다. 표 3-1은 당알코올 종류와 특징을 나타낸 것이다.

표 3-1 당알코올의 종류와 특징

종류	특징
소르비톨 (sorbitol)	• 과실류, 해조류에 존재 • 설탕의 상대적 감미도 0.6~0.7 • 청량음료, 제과, 합성주, 어육 등에 이용
만니톨 (mannitol)	• 일부 갈조류, 버섯류, 채소류에 존재 • 설탕의 상대적 감미도 0.4~0.7 • 껌, 엿의 점착 방지제 및 의약품에 이용
자일리톨 (xylitol)	• 과실류, 채소류에 존재 • 설탕의 상대적 감미도 0.7~1.0 • 껌 등에 주로 이용

10) 인공감미료

인공감미료artificial sweeteners는 단맛을 내고 열량은 거의 없어 다이어트 식품 등에 다양하게 사용되고 있으나 안전성에 대한 논란의 여지는 있다. 종류로는 아스파탐, 스테비오사이드, 사카린, 수크랄로오스 등이 있다.

(1) 아스파탐

아스파탐aspartame은 페닐알라닌phenylalanine과 아스파트산aspartic acid의 두 개 아미노산이 합성하여 만든 아미노산계 인공감미료이다. 설탕의 약 100~200배의 단맛을 가지고 있고, 4kcal/g을 내지만 극히 적은 양만을 사용하기 때문에 칼로리가 거의 없으므로 저열량 음료 등에 사용한다. 가열하거나 산을 첨가하면 단맛이 없어지므로 제과제빵에는 사용하기 어려우며, 가열 후 첨가하는 것이 좋다.

(2) 스테비오사이드

스테비오사이드stevioside는 스테비아잎에 함유된 백색 분말로 단맛과 떫은맛이 있다. 설탕의 약 200~300배의 단맛을 내며, 산과 열에 강하여 탄산음료, 유제품 등에 사용된다. 우리나라에서는 알코올 음료(소주)에 사용하고, 일본은 음료에 사용하고 있다.

(3) 사카린

사카린saccharin은 톨루엔toluene을 원료로 합성된 백색의 결정성 분말로 뒷맛이 쓴 것이 특징이다. 설탕의 약 200~700배의 단맛을 가지고 있고, 열량이 없으며, 충치를 유발하지 않는다. 김치, 음료수, 어육 가공품, 영양보충용 식품, 환자용 식품, 뻥튀기 등에 사용한다.

(4) 수크랄로오스

수크랄로오스sucralose는 할로데옥시halodeoxy 유도체 중 하나로 설탕보다 약 600배의 단맛을 가지고 있다. 미국과 캐나다에서는 '스플렌다splenda'라는 제품으로 판매되기도 하며 소프트 드링크, 케이크, 머핀, 주스, 껌 등에 이용되고 있다.

2. 당의 조리적 특성

당류는 감미, 용해성, 흡습성, 보존성, 결정성의 조리적 특성이 있다.

1) 감미

모든 당류는 단맛을 나타내는 상대적인 감미도relative sweetness가 다르다. 설탕은 동일한 온도와 농도에서 항상 일정한 단맛을 가지므로 10% 설탕용액을 기준으로 과당은 1.3~1.7배, 전화당은 1.0~1.1배, 포도당은 0.6~0.7배, 갈락토오스 0.3~0.6배, 맥아당은 0.4~0.5배이며, 유당은 0.2~0.4배로 감미도가 가장 낮다. 그 외 아스파탐은 100~200배, 스테비오사이드는 200~300배, 사카린은 200~700배, 수크랄로오스는 600배로, 합성 감미료의 상대적 감미도는 천연 감미료에 비해 매우 높아 소량으로도 단맛을 낼 수 있다.

2) 용해성

당의 종류에 따라 용해도가 다르지만 친수성기인 수산기(-OH)를 가지고 있어 물에 쉽게 용해되는 특징이 있으며, 온도가 상승할수록 용해도solubility가 증가한다. 설탕은 0℃

에서 100mL의 물에 약 179g이 용해되지만 100℃에서는 약 487g이 용해된다. 같은 조건에서는 과당, 설탕, 포도당, 맥아당, 유당의 순으로 용해도가 낮아진다. 용액 내에 염류가 존재하거나 결정의 크기가 미세할수록 용해도가 증가한다.

당의 용해도에 따라 입안에서 느껴지는 조직감이 달라진다. 따라서 용해도가 낮은 유당을 첨가한 아이스크림은 부분적으로 거친 촉감이고, 용해도가 높은 과당을 첨가한 캔디는 부드러운 촉감을 지닌다.

3) 흡습성

흡습성moisture absorption은 주위 환경의 수분과 결합하거나 함유할 수 있는 능력으로 당의 종류에 따라 다르다. 공기 중에 노출된 당류는 수분을 흡수하여 덩어리를 형성하거나 눅눅해져 끈적거리기 쉽다. 장마가 지나간 후에 설탕은 덩어리지는데 이는 설탕의 과당에 의한 흡습성이 증가한 것이며, 과당함량이 높은 당류로는 꿀, 전화당 등이 있다. 따라서 과당시럽을 이용한 케이크는 수분이 유지되어 식품이 촉촉하고 부드러운 촉감을 주며, 당이 적은 식빵류보다 촉촉함이 오래 지속된다.

4) 보존성

당함량이 높은 식품은 당류에 의해 탈수현상이 일어나 보존성preservation이 증가한다. 식품 내 수분이 당과 결합하여 수분활성도water activity, A_w가 저하되면 부패미생물의 성장이 억제된다. 즉, 당을 50% 이상 첨가한 잼, 젤리, 과일통조림 및 정과류 등은 저장성이 높다.

5) 결정성

결정성crystalization이란 당이 더 이상 녹아들어 갈 수 없는 포화 상태일 때 교반시키거나 결정화시키는 핵에 의해 설탕과 같은 결정이 형성되는 것을 말한다. 특히 용매에 녹을 수 있는 양보다 많은 양이 녹아 있는 과포화용액일 때 결정을 형성하기 쉽다. 100℃ 이상으로 가열한 과포화된 용액을 냉각시키면 용해도가 낮아져 핵을 형성하기 시작하고, 그 후 핵을 중심으로 결정이 형성된다. 따라서 설탕시럽을 만들 때는 설탕과 물을 넣고 약한 불에서 젓지 않아야 한다.

캔디는 당류의 결정화 성질을 이용한 대표적인 제품으로 핵을 중심으로 질서가 정연한 결정성을 가진 결정형 캔디와 결정 형성 방해물질을 넣어 만든 비결정형 캔디가 있다.

비결정형 캔디는 고농도의 점성이 강한 당용액이거나, 시럽, 우유, 버터, 꿀, 유기산 등의 결정 형성 방해물질이 있을 때 만들어지는 캔디이다.

당용액을 130℃ 이상의 고온에서 농축시키면 부서지기 쉬운 태피taffy 같은 비결정형 하드 캔디를 만들 수 있고, 그 이하의 온도에서 농축시키면 캐러멜caramel 같은 비결정형 소프트 캔디를 만들 수 있다.

당류의 결정화에 영향을 주는 요인으로는 젓는 속도, 당의 종류, 온도 및 첨가물 등이 있다.

여기서 잠깐!

결정형 캔디와 비결정형 캔디

결정형 캔디는 서서히 가열하여 가수분해로 인해 전화당이 많이 생기는 경우나 다량의 시럽을 사용하는 경우에 결정화되기 어렵기 때문에 냉각속도와 젓는 속도를 빠르게 하여 생산해야 한다.
비결정형 캔디는 가열 시 불이 고르지 못한 경우 부분적으로 캐러멜화 반응이 일어날 수 있기 때문에 가열온도와 당도가 결정형 캔디보다 높아야 한다.

(1) 젓는 속도

천천히 저으면 핵을 중심으로 서서히 축적되어 큰 결정이 생기나, 속도가 빠르면 핵과 용질이 계속 움직여 핵 위에 용질이 부착을 방해하여 미세한 결정이 생긴다.

부엌 둘러보기

딱딱하지 않은 멸치볶음을 만들기 위해서는?

멸치를 먼저 볶은 후 설탕 등의 양념을 나중에 넣는 것이 좋다. 멸치에 설탕 등 양념을 처음부터 넣고 같이 볶으면 식으면서 설탕에 의해 핵이 형성되어 식으면 딱딱해지기 때문이다.

(2) 당의 종류

과당이 결정 형성이 가장 어렵고, 다음으로 포도당, 설탕, 갈락토오스, 맥아당의 순서이며, 유당은 가장 쉽게 결정이 형성된다. 설탕은 농도가 낮을수록 결정이 생기기 어렵다.

(3) 온도

결정 형성의 시작 온도가 낮으면 결정이 작고 부드러우나, 결정 형성의 시작 온도가 높으면 단시간에 큰 결정이 형성되어 거칠어진다.

(4) 첨가물

설탕만 함유된 용액은 결정이 잘 생기나, 용액 내에 설탕과 전화당이 공존하거나 포도당, 과당, 콘시럽, 꿀, 버터, 크림, 우유, 달걀흰자 등을 첨가하면 설탕의 결정이 잘 생기지 않는다.

다음 표 3-2 는 결정형과 비결정형 캔디의 최종가열온도와 제조방법을 나타낸 것이다.

표 3-2 결정성 여부에 따른 캔디 종류와 제조방법

구분	종류	최종 가열온도(℃)	제조방법
결정형	폰단트(fondant)	114~117	설탕용액을 젓지 않고 가열 농축시킨 후 식혀 순백색의 미세한 결정이 생기도록 저어 줌
	퍼지(fudge)	112~120	설탕에 우유, 버터, 초콜릿 등을 넣어 결정 형성을 방해하는 방법으로, 폰단트의 제조법과 같이 미세한 결정이 생기도록 저어 줌
	디비니티(divinity)	122~130	난백 기포에 가열 농축시킨 시럽을 함께 넣고 서서히 결정이 생기도록 저어 줌
	누가(nuga)	140	난백 기포에 가열 농축시킨 꿀, 설탕, 물을 조금씩 부으면서 계속 젓고, 다진 땅콩, 호두 등을 위에 뿌려서 식힘
비결정형	캐러멜(caramel)	119	설탕과 동량의 시럽, 우유, 버터 등의 결정 방해물질을 넣어 가열한 후 식혀 성형함
	태피(taffy)	127	캐러멜과 비슷하나 농축시킨 후 손으로 늘려서 성형함
	브리틀(brittle)	143	설탕용액을 가열한 후 견과류를 넣고 얇게 펴서 성형함. 탄산수소나트륨을 넣으면 부서지기 쉬운 브리틀을 만들 수 있음
	토피(toffee)	148	설탕, 당밀, 버터, 밀가루 등을 넣고 캐러멜보다 조금 더 단단하게 성형함
	마시멜로(marshmallows)	116	젤라틴, 난백 기포, 농축된 설탕용액을 넣고 저어서 폭신폭신한 질감으로 성형함

3. 당의 조리에 의한 색 변화

당의 조리에 의한 색 변화에는 캐러멜화 반응과 메일라드 반응이 있다.

1) 캐러멜화 반응

비효소적 갈변반응으로 설탕을 170~190℃로 가열하여 갈색이 되는 현상을 캐러멜화 반응caramelization이라고 말한다. 설탕을 융점(160℃) 이상으로 가열하면 맑은 용액과 점성이 생기고 착색이 시작되며, 170℃ 이상 계속 가열하면 수분이 거의 없는 황갈색 또는 갈색의 캐러멜이 된다. 색이 진할수록 단맛이 없어지고 쓴맛이 나며 캔디, 제과제빵, 간장 및 불고기양념 등에 이용한다.

2) 메일라드 반응

빵을 구울 때 빵 표면이 먹음직스러운 갈색이 되는 것으로 메일라드 반응maillard reaction 혹은 아미노-카르보닐amino-carbonyl 반응이라고도 한다. 이 반응은 카르보닐화합물(환원당, 가수분해되어 환원당 만들 수 있는 당)이 아미노산, 펩타이드, 단백질의 아미노기와 상호 반응하여 갈색 물질인 멜라노이딘melanoidin을 생성하는 것으로 유당이 가장 쉽게 일어난다. 다음으로 과당, 포도당 순으로 잘 일어나며 캐러멜화 반응에 비해 비교적 느리게 일어난다.

초기의 메일라드 반응은 색깔의 변화가 일어나지 않고 당류와 아미노화합물이 축합하여 반응이 진행된다. 중기에는 휘발성 화합물들이 생성되어 식품의 풍미에 영향을 준다. 최종단계에서는 중기에 생성된 물질들이 서로 축합 또는 중합되면서 갈색으로 착색되어 멜라노이딘을 만들고, 이산화탄소와 알데하이드aldehyde 화합물들을 형성하면서 식품의 풍미에 중요한 영향을 주게 된다. 식품을 가열할 때뿐만 아니라 가공 및 저장 시에도 일어나며, 간장·된장·커피·홍차 등의 색이나 향기 형성에 도움을 준다.

실험 3-1	제조방법에 따른 시럽의 품질 특성	실험일시

1. 실험목적

교반 여부 및 첨가물이 시럽의 성상에 미치는 영향을 알아본다.

2. 재료 및 분량

설탕 65g×3, 물 35g×3, 꿀 1Tbsp

3. 실험기구

- 계량기구 : 전자저울, 계량스푼, 온도계
- 일반기구 : 냄비, 나무주걱, 기타 조리기구

4. 실험방법

① 설탕과 물을 혼합하여 끓인다.

② 110℃까지 끓인 후 A시료는 젓지 않고 그대로 식히고, B시료는 불에서 내려 조금 식힌 후 나무주걱으로 젓는다. C시료는 설탕, 물, 꿀을 섞어 끓인 다음 B시료와 같이 저어 준다.

5. 실험결과

시료	재료	교반 여부	결정 상태의 유무
A	실팅+물	젓지 않음	
B	설탕+물	저음	
C	설탕+물+꿀	저음	

실험이 완성된 시료를 비교할 때는 A와 B를 비교하여 교반 여부에 따른 차이를 살펴보고, B와 C를 비교하여 첨가물에 따른 차이를 살펴본다.

실험 3-2	교반온도에 따른 폰단트의 품질 특성	실험일시

1. 실험목적

교반온도에 따라 폰단트의 품질 차이를 비교한다.

2. 재료 및 분량

시료	설탕(g)	물엿(Tbsp)	물(C)	최종가열온도(℃)	교반온도(℃)
A	250	1	1/2	112	100
B					70
C					40

3. 실험기구

- 계량기구 : 전자저울, 계량컵, 계량스푼, 온도계
- 일반기구 : 냄비, 나무주걱, 붓, 기타 조리기구

4. 실험방법

① 모든 재료를 냄비에 넣고 112~115℃에 이를 때까지 젓지 않고 끓인다. 이때 설탕이 끓으면서 튀어 가장자리에 붙으면 붓에 물을 묻혀서 가장자리를 닦아 낸다.

② 냄비 벽에 묻은 것을 깨끗이 닦아 낸 다음 볼에 붓는다.

③ 교반온도까지 식으면 나무주걱으로 시럽이 하얗게 될 때까지 세게 젓는다.

④ 손으로 주물러서 부드럽게 만든다.

tip 끓인 시료를 볼에 부을 때 냄비 바닥이나 벽에 묻은 것을 긁어 내지 않도록 한다.

5. 실험결과

완성된 시료는 하루 동안 숙성시킨 후 입자의 결정 상태와 질감을 평가한다.

시료 \ 조건	초기			숙성 후		
	색[1]	질감[2]	입자의 결정 상태[3]	색[1]	질감[2]	입자의 결정 상태[3]
A						
B						
C						

1) 색은 묘사법으로 평가한다.

2) 질감은 손으로 만져 보고 순위법으로 평가한다(가장 부드러운 시료가 1순위).

3) 결정 상태는 시식 후 순위법으로 평가한다(가장 매끄러운 시료가 1순위).

실험 3-3	부재료에 따른 캐러멜의 품질 비교	실험일시

1. 실험목적

부재료를 달리하여 제조한 캐러멜의 관능적 특성을 비교해 본다.

2. 재료 및 분량

<table>
<tr><th>시료</th><th>설탕(g)</th><th>물엿(g)</th><th>버터(g)</th><th>light cream(mL)</th><th>우유(mL)</th><th>초콜릿(g)</th><th>가열온도(℃)</th></tr>
<tr><td>A</td><td rowspan="4">250</td><td rowspan="4">135</td><td rowspan="4">48</td><td rowspan="2">240</td><td rowspan="2">–</td><td>–</td><td rowspan="4">120</td></tr>
<tr><td>B</td><td>20</td></tr>
<tr><td>C</td><td rowspan="2">–</td><td rowspan="2">240</td><td>–</td></tr>
<tr><td>D</td><td>20</td></tr>
</table>

3. 실험기구

- 계량기구 : 전자저울, 계량컵, 계량스푼, 온도계, 눈금 실린더
- 일반기구 : 냄비, 나무주걱, 기타 조리기구

4. 실험방법

① 두꺼운 냄비에 각 시료의 비율에 맞게 모든 재료를 섞는다.

② 가열 초기에는 모든 재료가 섞이도록 젓고, 혼합물이 걸쭉해지면 가끔씩 젓는다.

③ 120℃에 도달하면 불에서 내리고 약간 식힌다.

④ 기름을 바른 팬이나 접시에 부어 식힌다.

⑤ 팬이나 접시에 떼어 캐러멜 모양을 빚고, 기름종이나 셀로판지에 하나씩 싸서 둔다.

5. 실험결과

완성된 시료를 비교할 때는 A와 C, B와 D를 비교하여 생크림과 우유의 차이를 알아보고, A와 B, C와 D를 비교하여 초콜릿 첨가 여부에 따른 차이를 비교한다.

시료	질감		전체적인 맛[3]
	부드러운 정도[1]	입안에서의 매끄러운 정도[2]	
A			
B			
C			
D			

[1] 부드러운 정도는 손으로 눌러 보고 순위법으로 평가한다(가장 부드러운 시료가 1순위).

[2] 입안에서 매끄러운 정도는 시식 후 순위법으로 평가한다(가장 매끄러운 시료가 1순위).

[3] 전체적인 맛은 묘사분석한다.

실험 3-4	부재료 첨가에 따른 브리틀의 품질 특성	실험일시

1. 실험목적

탄산수소나트륨 첨가 여부에 따른 브리틀의 품질을 평가한다.

2. 재료 및 분량

시료	설탕(g)	물엿(C)	물(C)	버터(tsp)	탄산수소나트륨(tsp)	땅콩(g)	바닐라향(tsp)
A	250	2/3	2/3	1	1	200	1/2
B					–		

3. 실험기구

- 계량기구 : 전자저울, 계량컵, 계량스푼, 온도계
- 일반기구 : 냄비, 나무주걱, 밀대, 기타 조리기구, 유산지

4. 실험방법

① 냄비에 설탕, 물엿, 물을 섞어 젓지 않고 135℃까지 끓인다

② 버터를 넣고 143℃에 이를 때까지 저으면서 가열한다. 이때 팬 가장자리에 묻은 결정을 닦는다.

③ 불에서 내리는 즉시 시료 A는 탄산수소나트륨을 먼저 넣고 땅콩, 바닐라향을 넣은 후 잘 섞어 유산지 위에 얇고 고르게 퍼지도록 납작하게 붓는다. 시료 B는 땅콩, 바닐라향을 넣은 후 잘 섞어 유산지 위에 고르게 퍼지도록 납작하게 붓는다.

④ ③을 밀대로 밀어서 납작하게 한 다음 조각을 낸다.

tip 땅콩은 볶아서 사용하고, 반으로 자른 것이 밀기 좋다.

5. 실험결과

시료	색[1]	투명도	단면[2]	부서지는 정도[3]
A				
B				

[1] 색은 묘사분석한다.

[2] 단면은 기공의 형성 여부를 평가한다.

[3] 부서지는 정도는 일정한 높이에서 떨어뜨려 평가한다.

CHAPTER

4

서류

4

서류는 땅속줄기 혹은 뿌리 일부가 굵어져 전분이나 기타 다당류를 저장하고 있는 덩이식물로 감자, 고구마, 토란, 마, 돼지감자, 카사바 등이 이에 속한다. 주식이나, 전분, 물엿, 알코올 등의 제조 원료로서 중요한 자원이 된다.

1. 서류의 종류

서류에는 감자, 고구마, 토란, 마, 돼지감자, 카사바 등이 있다.

1) 감자

감자potato는 가짓과에 속하는 1년생 식물로 땅속줄기가 굵어진 덩이줄기tuber인 괴경을 식용한다. 품종이 다양하며 감자 껍질의 색에 따라 흰색, 적색, 자색 등의 감자로 구분한다. 또한 괴경의 모양에 따라 구형, 원통형, 타원형, 장타원형 등으로도 구분한다. 그 외 단백질과 전분함량에 따라 분질, 점질 감자로 구분한다.

2) 고구마

고구마sweet potato는 메꽃과에 속하는 1년생 식물로 땅속뿌리가 굵어진 덩이뿌리 tuberous root인 괴근을 식용으로 하며, 단위면적당 수확량이 높은 구황식품이다. 껍질은 적색이고 육질은 황색 또는 황백색인 품종을 많이 섭취하며, 육질이 호박처럼 노란 호박고구마와 보라색을 띠는 자색 고구마 등이 있다. 또한 수분이 적고 밤과 같은 질감의 분질 고구마와 수분이 많고 단맛이 강한 점질 고구마로 구분한다.

3) 토란

토란taro은 다년생 초본으로 잎과 줄기는 채소로 이용된다. 100여 품종이 알려져 있으며 포만감이 크고 영양가가 높다. 질감은 감자와 비슷하나 향미가 풍부하다.

토란

4) 마

마yam는 마과에 속하는 다년생 덩굴식물로 주성분은 전분과 점질물이다. 산약(山藥) 혹은 서여(薯蕷)라고도 하며, 산야에서 자생하는 자연마와 밭에서 재배하는 참마가 있다. 품종에 따라 긴 것, 손바닥 모양, 덩어리 모양 등 다양하며 주로 식용, 약용으로 사용된다.

마

5) 돼지감자

돼지감자*Jerusalem artichoke*는 국화과에 속하는 1년생 초본으로, 뿌리에는 이눌린inulin이 약 15% 정도 함유되어 있으며 전분은 거의 없다. 이눌린은 가수분해하면 과당이 생성되며 체내에서는 분해효소가 없어 소화되지 않는다.

돼지감자

6) 카사바

카사바cassava는 남아메리카 원산의 덩이뿌리로 다년생이지만 아열대에서는 일년생으로 성장하며 땅속에 괴근이 생겨 전분을 축적한다. 카사바는 두 종류로 감미종은 소형이고 맛이 좋아 고구마처럼 삶아서 먹기도 하고 인조미 형태로 가공하여 곡류대용으로 사용된다. 고미종은 대형이지만 쓴맛이 강해 주로 전분의 제조 원료로 이용되며 청산이 함유되어 있으므로 식용으로 이용할 때는 청산을 제거해야 한다.

카사바

2. 서류의 구조

감자는 가장 바깥쪽에 숨구멍lenticels으로 분포된 얇은 코르크층의 주피(외피)periderm와 그 안쪽에 다소 두터운 후피cortex, 싹눈eye buds이 있는 눈eye, 그리고 감자의 대부분을 차지하는 수심부medulla로 이루어져 있다. 수심부는 외수부(外髓部)와 내수부(內髓部)로 구분이 되는데, 외수부는 전분함량이 많고 조직이 치밀하나, 내수부는 전분함량이 적고 수분함량이 많아 투명도가 높다.

고구마는 가장 바깥쪽에 표피가 있으며 표피에는 전분립이 없고 함유되어 있는 색소에 따라 색이 달라진다. 내부에 전분립이 함유된 피층이 있는데, 피층은 탄닌tannin을 함유하고 있으며 공기와 접촉하면 갈변한다. 또한 관다발이 있으며, 유조직 부분을 식용으로 한다.

그림 4-1 과 그림 4-2 는 감자와 고구마의 구조를 나타낸 것이다.

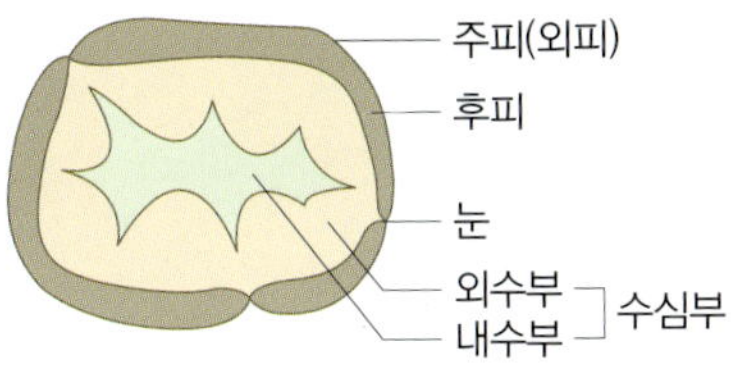

그림 4-1 감자의 구조

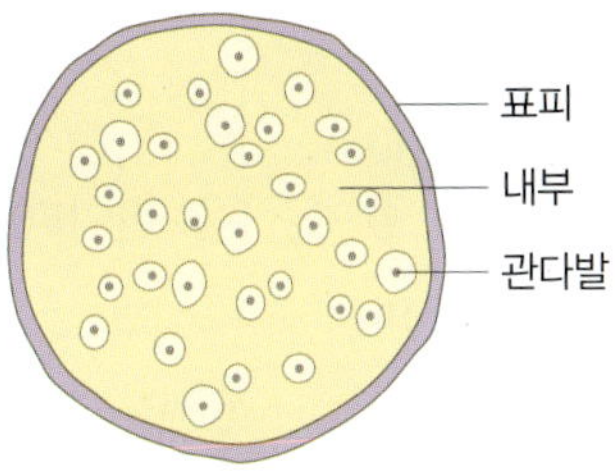

그림 4-2 고구마의 구조

3. 서류의 성분

서류는 수분이 많아 저장성이 낮고 단백질, 지질, 비타민의 함량은 낮으나 칼륨, 칼슘, 인 등의 무기질함량이 비교적 높은 알칼리성 식품이다.

1) 탄수화물

감자는 탄수화물이 대부분 전분의 형태로 존재하고, 전분 조성은 곡류에 비해 입자가 커서 호화가 곡류보다 빨리 일어난다. 저온으로 저장하면 전분함량이 감소하고 당함량이 증가하여 단맛이 증가한다.

고구마의 주성분은 탄수화물로 대부분이 전분이다. 그 밖에도 자당, 포도당, 과당 등이 약 20% 정도 차지하고 있어 단맛이 강하다.

토란은 감자와 고구마의 성분과 비슷하며 탄수화물을 13% 정도 함유하고 있고 대부분 전분이다. 또한 덱스트린과 설탕 등이 함유되어 있어서 토란 고유의 단맛을 낸다.

마의 주성분은 전분과 점질 다당류로 수분함량이 적고 점성이 강하다. 마의 점질물질은 뮤신mucin으로 글로불린globulin과 만난mannan이 결합한 당단백질이며, α-아밀라아제 등과 같은 효소를 많이 함유하고 있어 소화를 도와준다.

돼지감자는 15~20%의 탄수화물을 함유하고 있는데, 전분은 거의 없고 주성분은 이눌린으로 체내에서는 소화되지 않는다.

2) 단백질

서류는 단백질함량이 적은 편이다. 감자는 2%의 단백질을 함유하고 있으며, 그중 60~70% 정도는 튜버린tuberin이라고 하는 글로불린이다. 메티오닌methionine이 부족하지만 필수아미노산은 대부분 풍부하다. 감자의 육질이 노란색일수록 단백질함량이 높다.

고구마는 1~2% 정도의 단백질이 함유되어 있으며 주 단백질은 글로불린의 일종인 이포마인ipomain이다. 라이신lysine, 트레오닌threonine함량은 많으나 함황아미노산은 적은 편이다.

토란, 마, 돼지감자, 카사바는 단백질이 소량 함유되어 있다.

3) 비타민

감자는 비타민 B_1, B_2 그리고 특히 껍질에 비타민 C함량이 높은 편이며, 감자의 비타민 C는 가열조리에도 비교적 안정하여 비타민 C의 좋은 급원이 될 수 있다.

고구마는 비타민 A, B_1, C 등이 풍부하고, 카사바는 비타민 C가 많다.

4) 무기질

서류는 무기질이 풍부한 편이다. 감자는 칼슘함량은 적으나 칼륨과 인이 풍부하다.

고구마는 칼슘과 칼륨이 풍부하고, 토란 및 마는 칼륨함량이 높으며, 카사바는 칼슘이 풍부한 편이다.

5) 기타 성분

발아 중인 싹에는 감자의 유해성분인 솔라닌solanin이라는 알칼로이드alkaloid가 들어 있는데, 이를 다량 섭취할 경우 두통, 복통, 구토, 현기증, 설사 등 중독 증상을 일으키며, 심할 경우 호흡이 어려워질 수 있으므로 싹 부분을 제거하고 조리한다. 특히 썩기 시작하면 셉신sepsin이라는 독성 물질이 생겨 심한 중독 증상을 일으키므로 주의해야 한다.

고구마에는 얄라핀jalapin이라고 하는 특수성분이 들어 있는데, 이는 고구마의 절단면에서 나오는 유백색 점액 성분으로 물에 용해되지 않으며 공기에 노출되면 산화되어 점차 검게 되고 제거하기 어려워진다. 미숙 상태에서는 함유량이 높지만, 수확 후 점차 감소한다. 고구마에 흑반병이 생기면 이포메아마론ipomeamarone이라는 쓴맛 성분의 독성 물질이 생성된다.

토란은 갈락탄galactan이라는 점질물질이 있어 조미료가 침투되기 어려우므로 조미하기 전에 1%의 소금물에서 삶으면 점질물이 응고되어 침전한다. 토란의 아린맛은 호모젠티스산homogentisic acid에 의하며, 이 성분은 소금물에 가열하면 제거된다.

부엌 둘러보기

토란을 손질할 때 간지러운 이유는?

토란의 껍질에 함유되어 있는 수산칼슘이 피부를 가렵게 한다. 따라서 껍질을 벗길 때에는 키친타월 등을 이용해 손에 닿지 않도록 한다. 식초물에 살짝 담갔다가 사용하면 간지러움을 줄일 수 있다.

4. 서류의 조리적 특성

1) 갈변현상

감자를 자르거나 껍질을 벗겨 공기 중에 방치할 때 나타나는 갈변은 효소적 갈변반응의 일종이다. 감자에 들어있는 티로신tyrosine이 공기 중의 산소와 티로시나아제tyrosinase의 작용으로 멜라닌melanine이라는 갈색 물질을 생성하게 된다.

따라서 갈색반응이 일어나지 않도록 산소와의 접촉을 차단시켜 산화가 일어나지 않도록 하거나, 효소를 불활성화시켜야 한다. 염소이온은 갈색반응을 억제하는 작용을 하기 때문에 소금물에 담그면 갈변을 방지할 수 있다. 산소 제거를 위해 물에 담그거나 CO_2 또는 질소가스로 처리하거나 설탕물 등에 담그는 방법도 있다. 또한 감자를 자른 후 바로 물에 담그면 티로시나아제가 수용성이어서 갈변을 방지할 수 있으며, 산을 첨가하여 pH를 산성으로 낮추면 효소의 최적 조건이 변화되어 효소의 작용이 억제되므로 갈변을 방지할 수 있다.

고구마를 자르거나 껍질을 벗겨 공기 중에 방치하면 절단면이 폴리페놀산화효소polyphenoloxidase의 작용에 의해 클로로겐산chlorogenic acid을 산화시켜 갈색으로 변한다. 이 효소는 수용성이므로 물에 담그면 변색을 방지할 수 있으며, 가열처리 시 산화효소가 불활성화되어 갈변을 방지할 수 있다.

마는 마쇄하면 티로신이 티로시나아제의 작용을 받아 엷은 검은색으로 변할 수 있으므로 껍질을 벗긴 후 식초 등에 담가 갈변을 방지할 수 있다.

2) 식용가

감자는 전분함량에 따라 크게 점질 감자waxy potato와 분질 감자mealy potato로 나눌 수 있다.

감자의 식용가는 palatability factorP.F.로 표시하며 점질과 분질을 나타내는 지수이다.

$$감자의\ 식용가 = 단백질량 / 전분량 \times 100$$

식용가가 높으면 단백질함량이 많아 황색으로 점성이 있으며, 식용가가 낮으면 전분의 함량이 많고 과육이 희고 건조하며 당분이 적다. 점질 감자는 찌거나 구울 때 부서지지 않고 수분이 많아 촉촉하고 부드러워 튀김, 조림, 샐러드 등에 적당하다. 분질 감자는 윤기가 없이 부스러지기 쉬워 매시드 포테이토mashed potato를 만들 때 혹은 쪄 먹을 때 적당하다.

5. 서류의 가열에 의한 변화

고구마는 전분함량이 높으나 저장을 하면 전분함량이 점차 낮아지고 당함량이 증가하는데, 이는 β-아밀라아제가 작용하여 전분이 맥아당으로 분해되어 당화하기 때문이다. 따라서 고구마를 가열할 때 β-아밀라아제가 당화작용이 잘 일어날 수 있도록 조건을 만들어 주면 단맛이 강한 고구마를 만들 수 있다. β-아밀라아제는 최적온도가 55℃이며 65℃ 정도까지 작용하므로, 고구마를 구울 때는 서서히 가열하여 최적온도를 오래 유지하면 단맛이 증가될 수 있다. 고구마를 전자레인지로 가열하면 내부온도가 단시간 안에 상승하여 효소가 작용할 시간적인 여유가 없기 때문에 뜨거운 돌 속에 묻어서 구운 군고구마나 온도를 조절한 오븐에서 구운 고구마에 비해 당의 증가량이 적다.

6. 서류의 조리 및 이용

1) 감자

감자를 응용한 요리는 매우 많으며 서양에서는 육류와 곁들여 많이 이용한다. 우리나라에서도 찐 감자, 감자튀김, 감자조림, 수제비, 감자전 등 다양한 조리법으로 이용되고 있다.

감자의 주성분인 전분은 물엿, 포도당, 감자전분, 주정 등의 가공 원료로 이용되며, 포테이토칩 등 간식·기호용으로도 다양하게 쓰인다. 감자 분말은 빵의 품질개량제로 밀가루에 섞어서 사용하며, 쿠키 및 크래커 등에도 약간씩 혼합하여 사용하고 있다.

부엌 둘러보기

매시드 포테이토를 만들 때 감자를 체에 잘 내리려면?

α화 전분 상태의 뜨거운 감자는 부드럽고 수분 증발이 동시에 이루어져 보슬보슬한 상태를 유지하므로 체에 잘 내려친다. 또한 감자의 펙틴은 온도가 높을 때 점착성이 약해서 달라붙지 않으므로 체에 잘 내려친다.

2) 고구마

고구마는 찐 고구마, 군고구마, 튀김, 샐러드 등으로 다양하게 이용되고 전분, 제과, 당면, 물엿, 주정 등의 가공원료로도 많이 사용되며, 고구마 줄기는 채소로서 부식으로 이용된다. 분질 고구마는 전분이 많고 맛이 좋아서 식용에 적합하나, 점질 고구마는 전분이 비교적 적고 당분이 많아서 식용보다는 전분 및 사료 제조에 많이 이용된다.

3) 토란

주로 추석 때 토란국을 끓여 먹기도 하며, 지역에 따라서 부침 또는 가루로 이용한다. 토란 줄기는 껍질을 벗긴 후 건조시켜 채소로 이용한다.

4) 마

마는 점성이 강하여 생으로 먹거나, 굽거나 삶거나 쪄먹기도 하며, 죽을 끓이거나 갈아서 전을 부치기도 한다. 한약 재료로도 이용되며 최근에는 가루로 만들어 여러 가지 음식에 이용하기도 한다.

5) 돼지감자

돼지감자의 주성분인 이눌린을 산이나 효소로 가수분해하여 과당의 원료, 엿, 알코올 발효용으로 이용되고, 잎과 줄기는 가축의 사료로 사용된다.

6) 카사바

카사바는 전분 제조 원료와 주정용으로 많이 이용되고 있으며, 감미종은 삶아서 식용으로 이용하거나 인조미 형태로 가공하여 곡류 대용으로 사용하기도 한다. 덩이뿌리에서 전분을 추출한 것을 마니오카manioca 또는 타피오카tapioca라고 하는데, 이는 물에 담가도 불지 않기 때문에 음료 등에 이용한다.

CHAPTER

5

두류

1. 두류의 종류 2. 두류의 구조 3. 두류의 성분
4. 두류의 조리적 특성 5. 두류의 가열에 의한 변화 6. 두류의 조리 및 이용

5

두류는 한 쌍의 자엽으로 된 콩과(leguminosae) 식물로 대두, 땅콩, 녹두, 팥, 완두, 강낭콩, 동부 등이 있다. 식물성 단백질과 지방, 인, 철, 칼슘 등의 좋은 공급원으로 보존성이 좋아 널리 이용되고 있다.

1. 두류의 종류

두류는 종류에 따라 성분함량이 다르다. 단백질과 지질의 함량이 높고 탄수화물이 비교적 적은 대두, 땅콩 등과, 단백질과 탄수화물의 함량이 높고 지질이 적은 팥, 동부, 녹두, 완두, 강낭콩 등으로 나눌 수 있다. 한편 풋완두(꼬투리완두), 풋콩 등은 채소처럼 수분과 비타민 C의 함량이 높은 편이다.

1) 대두

대두soybean는 껍질의 색에 따라 콩조림·두부·된장·낫토natto·콩국에 주로 이용하는 황대두와 콩밥·콩조림·떡 등에 주로 이용하는 흑대두, 그리고 미숫가루·과자·두부 등에 이용되는 청대두로 분류할 수 있다. 대두는 필수아미노산인 이소루신isoleucine, 루신leucine, 페닐알라닌phenylalanine, 트레오닌threonine, 발린valine이 풍부하고, 특히 곡류의 제한아미노산인 라이신lysine의 함량이 높다. 대두는 올리고당인 라피노오스raffinose와 스타키오스stachyose를 다량 함유하고 있는데, 이들은 장내에서 효소에 의해 소화되지 않고 가스를 발생한다. 불포화지방산인 올레산oleic acid과 리놀레산linoleic acid이 많으며, 레시틴lecithin과 세팔린cephalin 등의 인지질을 분리하여 유화제로 이용한다. 무기질로는 칼슘과 칼륨이 풍부하고 비타민으로는 비타민 B군이 많고 비타민 C는 거의 없다.

2) 땅콩

땅콩

땅속에서 열매가 열리는 땅콩peanut(낙화생)은 다량의 지방을 함유하고 있다. 대두와 같이 단백질과 지질의 함량이 많아 열량이 높은 식품이며, 필수지방산인 아라키돈산arachidonic acid이 풍부하다. 땅콩의 주 단백질은 글로불린globulin인 아라킨arachin과 콘아라킨conarachin이며, 당질로는 전분 이외에 갈락토오스가 들어 있다. 비타민 B_1과 E, 나이아신niacin함량이 높은 편이다. 땅콩은 볶아 먹는 것 외에도 제과에도 사용되고, 땅콩버터, 땅콩기름(낙화생유) 등 다양하게 사용된다.

3) 녹두

녹두mung bean는 척박한 토양에서도 적응력이 강한 두류로 주로 녹색이 많으나 황색, 녹갈색, 흑갈색인 것도 있으며, 주성분은 전분이다. 지방질이 적고, 필수아미노산 중 루신, 라이신, 발린 등이 풍부하다. 청포묵, 빈대떡, 죽, 소, 고물 등에 사용되고, 녹두에 물을 주어 숙주나물로 길러 사용한다.

녹두

4) 팥

팥red bean은 68%가 탄수화물이며 대부분이 전분이다. 지방함량은 낮으나 리놀레산이 많다. 비타민 B_1함량이 높아 쌀밥에서 부족하기 쉬운 비타민을 공급해 준다. 칼륨과 인이 많고, 식이섬유가 4.7% 정도 함유되어 있다. 팥과 같이 전분함량이 높은 두류는 주로 떡의 소와 고물로 이용하며, 그 외 죽이나 팥밥, 양갱 등으로도 이용된다.

팥

5) 완두

완두pea의 탄수화물은 대부분 전분이다. 완두의 주단백질은 글로불린인 레규민legumine이고, 지질은 주로 올레산이다. 완숙 직전의 푸른 완두는 수분이 많고 단맛이 있어 통조림으로 많이 이용한다. 완두콩밥 이외에 떡, 수프, 제과에도 이용된다. 미숙한 풋완두는 비타민 C가 풍부하며 꼬투리째 데쳐서 채소처럼 섭취한다.

완두

6) 강낭콩

강낭콩

강낭콩kidney bean은 팥이나 녹두 등과 같이 지질이 적고, 탄수화물이 64% 정도로 대부분이 전분이다. 또한 인이 칼슘보다 3배나 많다. 주로 밥을 지을 때 넣거나, 떡의 소나 고물, 제과·제빵의 앙금, 콩조림 등으로 이용한다.

7) 동부

동부

동부cowpea는 강두(豇豆), 장두(長豆)라고도 하며, 팥과 비슷하나 더 길고 종자의 눈이 길다. 탄수화물이 55%, 단백질이 23.9% 정도 함유되어 있고, 지질함량이 약 2%로 낮다. 밥을 할 때 넣어서 먹거나 떡의 소, 과자 등에 이용한다.

8) 풋콩

콩의 어린 꼬투리를 미숙할 때 수확한 것으로 완전히 익으면 대두가 된다. 풋콩unripe beans에는 비타민 A와 C가 풍부하며, 메티오닌methionine, 라이신, 글루타민glutamine 등이 함유되어 있다. 주로 통째로 쪄서 껍질을 벗겨 먹거나 밥을 지을 때 넣어 먹는다.

2. 두류의 구조

두류는 종피seed coat, hull, 자엽cotyledon, 배아germ로 구성되어 있으며, 각 부분의 비율은 종피가 6~9%, 자엽이 90~92%, 배아가 2% 정도이다. 식용하는 부분은 자엽이며, 종피는 표면이 각피cuticula층으로 되어 있어 물이 침투하기 어렵고 단단하다. 또한 조섬유가 많고 세포막이 헤미셀룰로오스hemicellulose로 되어 있어 소화가 어렵다. 배아 부분은 발아, 성장하는 곳으로 콩의 종피 제거 시 쉽게 자엽에서 떨어져 나간다.

그림 5-1은 두류의 구조를 나타낸 것이다.

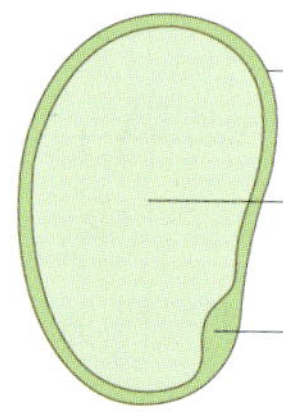

그림 5-1 두류의 구조

3. 두류의 성분

두류는 단백질 약 40%와 지질 약 20%를 함유하고 있다. 아미노산 조성이 우수하여 곡류 섭취만으로 부족한 아미노산을 보충할 수 있는 공급원으로 유용하다. 그 외에도 철, 칼슘, 인, 비타민 B_1 등이 풍부하다.

1) 단백질

대부분의 두류는 단백질함량이 20~40% 정도로 높은 편이며, 그중 대두의 단백질함량이 35% 정도로 가장 높다. 대두 단백질은 글로불린에 해당하는 글리시닌으로 전체 단백질의 84% 정도를 차지하며, 약한 염류에 녹는다. 이소루신, 페닐알라닌, 발린, 트립토판tryptophan 등의 필수아미노산이 풍부하다. 특히 곡류에 부족한 라이신과 루신의 함량이 많아서 곡류와 혼합하여 먹으면 단백가를 보완하는 데 효과적이라고 할 수 있다. 그러나 메티오닌, 시스테인cystine과 같은 함황아미노산의 함량은 적은 편이다.

2) 지질

대부분의 두류는 지질함량이 적은 편이나, 대두는 약 17%, 낙화생은 약 50%에 가까운 지질을 함유하고 있어 식용유의 원료로 널리 이용되고 있다. 특히 대두의 경우 올레산이 약 28.9%, 리놀레산이 약 50.7% 함유되어 있어 필수지방산의 급원식품이나, 불포화지방산 함량이 많으므로 콩가루나 콩제품은 공기 중에 노출되면 지질의 산패에 의한 변질이 쉽게 나타나기 때문에 주의해야 한다. 레시틴과 세팔린 등의 인지질도 함유되어 있다.

3) 탄수화물

지질함량이 많은 두류는 탄수화물이 20% 내외지만 그 밖의 두류는 40% 이상을 함유하고 있다. 대두의 탄수화물함량은 약 30% 정도로, 단당류는 거의 없고 다당류가 대두 탄수화물의 1/3을 차지하며, 소화가 되지 않는 다당류인 아라반araban, 갈락탄galactan, 셀룰로오스cellulose 등을 많이 함유하고 있다.

4) 비타민

일반적으로 두류에는 비타민 B_1, B_2, 나이아신이 풍부하게 함유되어 있으며, 비타민 A·C·D는 거의 들어 있지 않다. 그러나 숙주나물과 콩나물은 발아하여 성장할 때 비타민 C가 합성되기 때문에 비타민 C가 많이 들어 있다.

5) 무기질

두류에는 4~6% 정도의 무기질이 함유되어 있다. 칼륨과 인이 많이 들어 있는데, 두류에 존재하는 인은 주로 인산염인 피틴phytin의 형태로 들어 있으며, 땅콩의 경우에는 주로 레시틴의 형태로 함유되어 있다. 그 외 마그네슘, 칼슘 등이 함유되어 있다.

6) 색소 성분

노란색 대두의 색소는 플라보노이드flavonoid계 색소와 카로티노이드carotenoid계 색소이며, 검은색 대두의 색소는 플라보노이드계인 안토시아닌anthocyanin 색소의 크리산테민chrysanthemin이다. 녹두나 완두콩의 색소는 클로로필chlorophyll계이다.

7) 기타 성분

대두와 팥은 기포성이 있는 사포닌saponin을 0.3~0.5% 정도 함유하고 있어 콩을 삶을 때 거품이 나고 장을 자극하여 설사의 원인이 된다. 또한 두류에는 이취를 생성하는 리폭시게나아제lipoxygenase, 단백질 소화효소 트립신trypsin의 작용을 억제하여 소화를 저해하는 트립신 저해물질trypsin inhibitor, 적혈구의 응고를 촉진하는 헤마글루티닌hemaglutinin이 함유되어 있는데 이들은 가열에 의해 불활성화되어 그 기능을 상실한다.

4. 두류의 조리적 특성

1) 흡습성

두류는 수분함량을 약 12~16%로 감소시켜 건조 상태로 저장하였다가 이용한다. 따라서 조리할 때 조직의 균일한 연화와 가열시간 단축을 위해 미리 물에 담가 충분히 불린 후 사용하는 것이 좋다. 두류의 흡수량은 콩의 종류, 저장기간, 보존상태, 수온, 침지액의 종류 등에 따라 다르다. 대두의 흡수율을 보면 물에 담그는 시간에 따라 불어나는 정도에 차이가 있으나, 일반적으로 8~20시간이면 최대로 불어나고, 보통 물의 온도가 높을수록 흡수속도가 빨라진다. 그러나 팥은 물의 온도가 높아도 흡수속도가 느리므로 주로 바로 삶아서 사용한다.

알칼리 환경에서는 콩의 헤미셀룰로오스와 펙틴질이 연화되어 흡수·팽윤이 촉진되기 때문에 0.3%의 탄산수소나트륨이나 0.2%의 탄산칼륨을 첨가할 경우에 연화되기 쉽다. 그러나 장시간 고농도의 알칼리액에 침지하면 질감과 색이 나빠질 뿐만 아니라 알칼리에 약한 비타민 B_1이 파괴되므로 주의해야 한다.

부엌 둘러보기

콩조림을 맛있게 하려면?

먼저 콩을 물에 충분히 담가 잘 무르게 해야 간장이나 설탕의 맛이 쉽게 배어든다. 조미료를 먼저 넣으면 삼투현상에 의해 콩에서 수분이 빠져나와 콩이 쭈글쭈글하고 단단해진다. 그러므로 콩을 충분히 불려서 삶은 후 조미료를 넣고 조려야 부드럽고 맛있는 콩조림이 된다.

2) 연화성

경수로 콩을 조리하면 경수 중의 칼슘, 마그네슘이온이 콩 속의 펙틴pectin과 결합한 후 불용성인 염을 형성하여 콩의 연화를 저해하기 때문에 연수를 사용하여 조리한다.

3) 응고성

두류의 단백질은 마그네슘염$MgCl_2$, 칼슘염$CaSO_4$, $CaCl_2$ 등의 염류에 의해 응고되는 성질이 있다. 대두에 물을 넣고 갈면 대두의 글로불린 단백질인 글리시닌과 알부민 단백질인 레규멜린legumelin이 약 90%까지 용출된다. 이 단백질의 등전점인 pH 4~5로 맞추면 대부분 침전하게 되며, 고농도의 무기염류를 첨가하면 단백질의 용해도가 감소하여 응고되는 염석 현상이 나타난다. 이러한 성질을 이용하여 두부를 제조하는데 사용되는 응고제로는 황산칼슘$CaSO_4$, 염화칼슘$CaCl_2$, 황산마그네슘$CaSO_4$, 염화마그네슘$MgCl_2$, 글루코노델타락톤glucono-δ-lactone, 아세트산acetic acid 등이 있고, 응고제의 종류에 따라 두부의 텍스처가 달라진다. 마그네슘염의 경우 빨리 응고되나 단단한 두부를 형성하는 반면, 칼슘염을 첨가하면 서서히 응고되나 부드러운 두부를 형성한다. 응고제 사용량은 대두의 1~2% 정도가 적당하며, 응고제의 양이 많을수록, 가열온도가 높을수록 단단한 두부를 형성한다.

표 5-1 은 두부 제조용 응고제의 종류와 특성을 나타낸 것이다.

표 5-1 두부 제조용 응고제의 종류와 특성

종류	용해도	온도	장점	단점
황산칼슘 ($CaSO_4$)	불용성	80~85℃	반응이 완만하여 사용이 편리함. 수율과 색이 좋음	두부가 거칠고 풍미가 좋지 않음
염화칼슘 ($CaCl_2$)	수용성	75~80℃	사용이 편리함. 튀김 두부용으로 많이 사용함	두부가 거칠고 풍미가 좋지 않음
염화 마그네슘염 ($MgCl_2$)	수용성	75~80℃	두부의 풍미가 좋음. 응고시간이 빠르고 압착 시 물이 잘 빠짐	응고가 순간적으로 일어나므로 주의가 필요함
글루코노델타락톤 ($C_6H_{10}O_6$)	수용성	85~90℃	두부의 표면이 매끈하고 수율이 좋으며 조직이 부드러움. 순두부 제조에 사용함	산 응고로 인해 신맛이 있음

5. 두류의 가열에 의한 변화

1) 유해성분 불활성화

두류는 영양가가 높으나, 조직이 단단하여 소화와 흡수율이 낮다. 또한 사포닌, 탄닌, 레시틴 등의 특수성분과 트립신 저해제, 적혈구를 응집시키는 헤마글루티닌 등의 유해물질이 함유되어 있다. 가열하면 트립신 저해제의 불성화로 단백질 이용률이 높아지며, 헤마글루티닌도 변성이 일어나 그 기능을 상실한다. 다량 섭취 시 설사를 일으킬 수 있는 사포닌은 100℃에서 4~5분 정도 가열처리하면 변성되어 기능을 상실한다.

2) 소화성 향상

두류를 가열하면 단백질이 변성되어 펩타이드peptide 사슬이 풀려 단백질 분해효소가 단백질 분자의 내부까지 침투하기 쉬워져 소화성이 좋아진다.

3) 색의 변화

메주콩을 삶았을 때의 갈색이나 간장의 갈색은 아미노-카르보닐amino-carbonyl 반응에 의한 것이다. 또한 검은콩은 수용성 안토시아닌 색소가 많은데, 이 색소는 금속이온과 만나면 색이 선명해지는 성질이 있으므로 검은 콩을 조리할 때 철 냄비를 사용하면 안토시아닌 색소가 철이온과 결합하여 검은색이 더 선명해진다.

6. 두류의 조리 및 이용

1) 메주

콩을 잘 씻은 후 상온에서 10~16시간 정도 물에 담갔다가 압력솥에서 충분히 삶는다. 삶은 콩을 찧은 후 잘 빚어 말리면 겉은 바싹 건조되나, 안에는 충분한 습기를 가지고 있어 안쪽에서부터 발효가 시작된다. 발효가 일어나면 메주를 햇빛에 말려 소독한 다음 짚으로 묶어 매달아 2~3개월 정도 건조시킨다.

2) 막장·된장

메주를 씻어 말린 후 약 18%의 소금물에 담가 30~45일 정도 숙성시킨다. 숙성 후 고형물과 액체를 따로 분리하지 않고 두류 이외의 밀이나 보리 같은 전분질과 고춧가루 등을 넣어 속성으로 발효시킨 것을 막장이라고 하고, 고형물만 따로 분리하여 소금으로 간을 맞춰 발효시킨 것을 된장이라고 한다. 된장은 숙성 중 아밀라아제amylase와 프로테아제protease 작용으로 당과 아미노산으로 분해되고, 당이 발효되어 알코올과 탄산가스가 만들어지며, 유기산 생성균에 의해 젖산, 호박산, 초산 등이 생성되어 독특한 맛과 향이 나게 된다.

3) 간장

간장은 메주를 햇빛에 말린 후 소금물에 담가 숙성시킨 뒤 메주를 건져 낸 물을 100℃ 이상에서 10~20분간 끓여 미생물과 효소를 불활성화시켜 제조한다.

표 5-2는 간장의 제조법에 따른 분류를 나타낸 것이다.

표 5-2 간장의 제조법에 따른 분류

분류	특징
양조간장 (발효법)	•원료의 단백질과 탄수화물이 효소에 의해 아미노산과 당으로 자연 분해된 것 •질소함량에 따라 맛, 향, 아미노산함량이 다름 •제조기간 6개월~1년
아미노산간장 (산분해법)	•원료의 단백질에 염산을 첨가하여 화학적으로 분해해 만든 것 •아미노산함량이 많고 첨가물에 의해 풍미가 좋아짐 •제조기간 1개월~6개월
혼합간장	•양조간장과 아미노산간장을 혼합하여 만든 것 •제조기간 70~80시간

4) 고추장

고추장은 콩단백질의 분해로 생긴 감칠맛, 고춧가루의 매운맛, 전분의 가수분해로 생긴 단맛, 소금의 짠맛 등이 잘 혼합된 조미료이다. 찹쌀, 보리, 밀 등에 엿기름을 넣고 삭힌 다음 메줏가루와 고춧가루를 넣고 소금으로 간을 맞추어 발효시킨다.

5) 청국장

청국장은 콩과 볏짚에 붙어있는 고초균*Bacillus subtilis*을 이용하여 만든 것으로 독특한 냄새와 감칠맛을 낸다. 콩을 불린 후 삶아서 식힌 다음 소독된 용기에 담아 볏짚에서 40℃ 전후에서 발효시키면 콩에서 실과 같은 끈적끈적한 물질이 나온다. 이 콩을 10℃ 이하로 냉각시킨 후 소금, 파, 마늘, 고춧가루 등을 넣고 마쇄하여 저장한다.

6) 낫토

청국장과 비슷한 일본의 낫토는 순수 균종인 바실러스 낫토*Bacillus natto*를 이용하여 발효시킨 것으로, 냄새가 독특하고 끈적거리는 실과 같은 점질물질이 생성된다. 낫토 자체를 그대로 먹거나 간장이나 겨자, 김 등과 함께 먹기도 한다.

7) 미소

미소miso는 콩을 쪄서 쌀, 밀 또는 메주를 소금과 함께 섞어서 만든 일본 된장으로, 우리나라 전통 된장에 비해 맛이 순하며 입자가 미세하고 짠맛이 적다. 염분 농도가 높고 1년 이상 숙성시켜 메일라드 반응으로 인한 갈색이 진해진 담백한 맛의 아카미소(적된장, 赤味噌)와 염분 농도가 낮고 숙성기간이 수개월로 짧아 색이 흰 단맛의 시로미소(백된장, 白味噌)가 있다.

8) 두유

두유는 콩을 불려 팽윤되면 물과 함께 마쇄한 후 끓이고 압축 여과하여 만든다. 두유는 우유에 비해 칼슘, 비타민 A, 비타민 B_{12}, 메티오닌 등이 적게 함유되어 있으나 소화가 용이한 좋은 단백질 급원식품이다.

9) 두부

콩에 들어 있는 주요 단백질인 글리시닌은 마그네슘염, 칼슘염 등의 염류와 산에 불안정하여 응고되는데, 이러한 성질을 이용하여 만든 것이 두부이다.

여기서 잠깐!

두부가 만들어지기까지

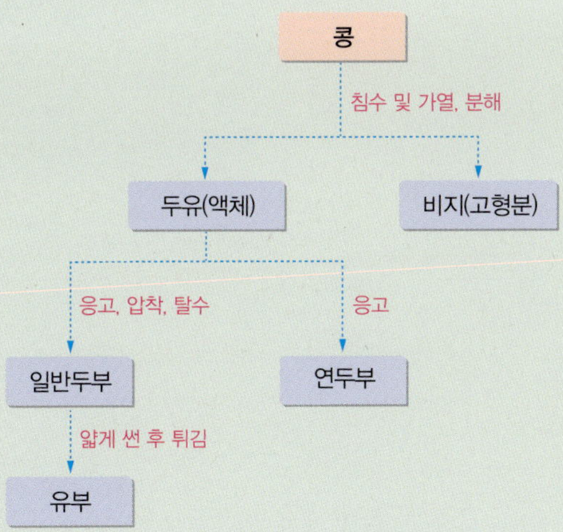

부엌 둘러보기

된장국을 끓일 때 두부를 부드럽게 조리하려면?

두부를 물과 함께 가열하면 두부에 공동(空洞)이 생기고 단단해져서 맛이 없어진다. 이는 콩의 단백질이 두부와 결합하지 않고 유리 상태로 있던 응고제의 칼슘이온과 결합하기 때문이다. 그러나 소금을 첨가하여 두부를 가열하면 소금 중의 나트륨(Na^{+})이온이 두부 중에 미결합 상태로 있는 칼슘(Ca^{++})과 단백질이 결합하는 것을 방해하기 때문에 두부가 연해진다. 따라서 두부를 넣어 된장국을 끓일 때는 미리 두부를 1% 소금물에 담근 후 이용하거나, 된장으로 먼저 국의 간을 맞춘 후 나중에 두부를 넣어야 부드러운 두부를 먹을 수 있다.

10) 콩나물

대두의 종실을 발아시킨 것이 콩나물이다. 콩 자체에 적은 비타민 C가 발아과정에서 합성되어 비타민 C의 함량이 높아지며, 단백질, 무기질, 비타민, 식이섬유가 비교적 많이 함유되어 있다. 또한 콩나물 뿌리 부분에 많이 들어 있는 아스파라긴asparagine은 알코올 분해효소의 생성을 돕고 간을 보호해 주기 때문에 숙취 해소에 효과적이다.

부엌 둘러보기

맛있는 콩나물국을 끓이려면?

콩나물을 조리할 때 뚜껑을 열면 콩나물 머리 부분에 함유된 불포화지방산이 리폭시게나아제에 의해 분해와 산화가 촉진되어 특유의 비린내가 발생하기 때문에 뚜껑을 닫고 조리해야 한다.

실험 5-1	처리방법 및 첨가물에 따른 콩의 연화 비교	실험일시

1. 실험목적

처리방법과 첨가물에 따라 콩의 연화 정도가 달라지는 것을 이해한다.

2. 재료 및 분량

시료	콩(g)	첨가물	물(C)	가열 시간(분)
A	마른콩 50	그대로	2	20
B		식초 5Tbsp		
C		소다 2tsp		
D	불린콩 50	그대로	2	20
E		식초 5Tbsp		
F		소다 2tsp		

3. 실험기구

- 계량기구 : 전자저울, 계량컵, 계량스푼, 타이머
- 일반기구 : pH미터, 냄비, 기타 조리기구

4. 실험방법

① 콩 50g씩 A, B, C로 사용한다.

② 콩 50g씩 불린 후 무게를 측정하고 D, E, F로 사용한다.

③ ①, ② 가열 시 냄비 크기 등을 고려하여 완전 증발하지 않도록 주의한다.

tip 콩을 불릴 때 봄·가을에는 12시간, 여름에는 6시간, 겨울에는 24시간으로 조절한다.

5. 실험결과

D, E, F의 조리 전 무게는 불린 후에 측정한 무게를 기록한다.

시료	조리 전 콩의 무게(g)	조리 후 콩의 무게(g)	조리수의 pH	부드러운 정도[1]
A	50			
B	50			
C	50			
D				
E				
F				

[1] 콩의 부드러운 정도는 시식 후 순위법으로 측정한다(가장 부드러운 콩의 질감이 1순위).

실험 5-2	두부 가열 시 첨가물질에 따른 두부 조직 내의 공동(空洞) 형성 비교	실험일시

1. 실험목적

두부 조리 시 첨가하는 물질이 두부의 질감 및 공동 형성에 어떠한 영향을 미치는지 알아본다.

2. 재료 및 분량

시료	재료				가열시간(분)
	두부(g)	물(C)	된장(tsp)	밀가루(Tbsp)	
A	100	2	–	–	8
B			2	–	
C				1	

3. 실험기구

- 계량기구 : 전자저울, 계량컵, 계량스푼, 타이머
- 일반기구 : 체, 냄비, 기타 조리기구

4. 실험방법

① 두부는 100g씩을 1.5×1.5×1.5cm로 썬다.

② A는 냄비에 2C의 물과 두부를 넣고 8분 동안 가열한다.

③ B, C는 냄비에 2C의 물을 넣고 체에 받친 된장을 풀어준 후 두부를 넣고 8분 동안 가열한다. 이때 C의 냄비에는 밀가루 1Tbsp을 넣는다.

④ 가열 후 두부의 질감, 공동의 형성 정도를 비교한다.

5. 실험결과

시료	부드러운 정도[1]	공동의 형성 정도[2]
A		
B		
C		

[1] 부드러운 정도는 손으로 만져 보고 순위법으로 평가한다(가장 부드러운 두부가 1순위).

[2] 공동 형성 정도는 순위법으로 비교한다(가장 공동이 많이 형성된 두부가 1순위).

실험 5-3	조리방법을 달리한 콩자반의 품질 비교	실험일시

1. 실험목적

조리방법이 콩자반의 연화 정도, 외관, 질감 등 품질에 미치는 영향을 이해한다.

2. 재료 및 분량

시료	검은콩(g)	물(C)	설탕(g)	간장(Tbsp)	처리방법
A	50	1	20	2	검은콩을 그대로 20분 끓인 후 설탕, 간장을 넣고 20분간 끓인다.
B					불린 콩을 20분 끓인 후 간장, 설탕을 넣고 20분간 끓인다.
C					검은콩에 물, 간장, 설탕을 처음부터 넣고 20분간 끓인 후 20분간 뜸들인다.
D					콩을 완전히 볶은 후 물, 간장, 설탕을 처음부터 넣고 20분간 끓인 후 20분간 뜸들인다.

3. 실험기구

- 계량기구 : 전자저울, 계량컵, 계량스푼, 타이머
- 일반기구 : 냄비, 기타 조리기구

4. 실험방법

각 시료의 처리방법에 따라 콩자반을 만들고 경도, 외관, 질감을 비교한다.

tip 가열 시 냄비 크기 등을 고려하여 완전 증발하지 않도록 주의한다. 경우에 따라, 완전 증발되면 동일한 양의 물을 넣을 수 있다.

5. 실험결과

시료	콩의 연화 정도[1]	질감[2]	외관[3]
A			
B			
C			
D			

[1] 연화 정도는 손으로 만져 보고 순위법으로 평가한다(가장 부드러운 시료가 1순위).

[2] 질감은 콩을 시식한 후 부드러움 정도를 순위법으로 평가한다(가장 부드러운 시료가 1순위).

[3] 외관은 윤기 등을 묘사분석한다.

실험 5-4	종류에 따른 콩의 수분 흡수율 비교	실험일시

1. 실험목적

콩의 종류별 수분 흡수율을 이해한다.

2. 재료 및 분량

팥 50g×6, 대두 50g×6, 완두 50g×6, 강낭콩 50g×6, 동부 50g×6, 물

3. 실험기구

- 계량기구 : 전자저울, 계량스푼, 타이머
- 일반기구 : 체, 기타 조리기구

4. 실험방법

① 각 콩 50g에 물 300g을 넣고 불려 30분, 60분, 90분, 120분, 150분, 180분 간격으로 콩의 무게를 측정한다.

② 콩의 무게를 측정할 때는 체에 밭쳐 수분을 뺀 후 5분 뒤 콩의 무게 만을 측정하고 경도, 외관을 비교한다.

5. 실험결과

시료	재료	무게(g)						흡수율(%)	경도[1]	외관[2]
		30분	60분	90분	120분	150분	180분			
A	팥									
B	대두									
C	완두									
D	강낭콩									
E	동부									

※ 흡수율

$$흡수율(\%) = \frac{불린\ 후\ 시료\ 무게(g) - 불리기\ 전의\ 시료\ 무게(g)}{불리기\ 전의\ 시료\ 무게(g)} \times 100$$

[1] 콩의 단단함 정도를 순위법으로 평가한다(가장 단단한 것이 1순위).

[2] 콩을 불린 후 외관의 변화를 묘사분석한다.

CHAPTER

6

채소류

1. 채소의 분류 2. 채소의 구조 3. 채소의 성분
4. 채소의 조리에 의한 변화 5. 채소의 조리 및 이용

6

채소는 비타민과 무기질이 풍부하고, 다량의 식이섬유가 존재한다. 또한 특유의 향미와 색소 성분 외에 다양한 생리활성물질(phytochemical)이 함유되어 있다.

1. 채소의 분류

채소는 섭취 부위에 따라 뿌리채소, 잎채소, 줄기채소, 꽃채소, 열매채소로 구분하며, 그림 6-1에 채소의 분류를 나타내었다.

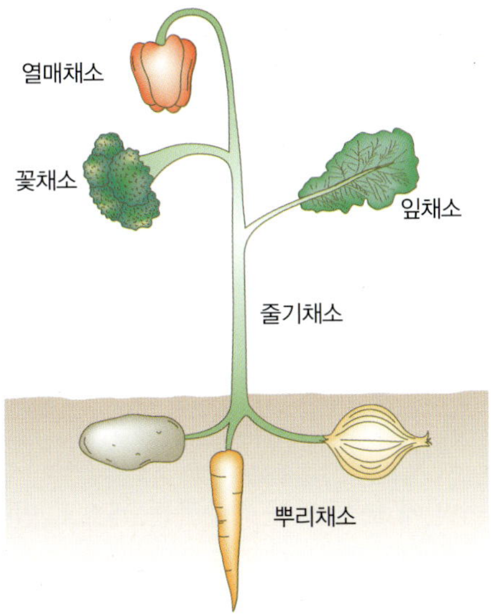

그림 6-1 **채소의 분류**

1) 뿌리채소

뿌리채소root vegetables는 뿌리 또는 구근을 식용하는 채소를 말한다. 뿌리를 먹는 채소에는 무, 당근, 도라지, 더덕 등이 있으며, 구근을 먹는 채소에는 고구마, 감자, 돼지감자 등의 서류와 순무, 생강, 양파, 마늘 등이 있다.

2) 잎채소

잎채소leaf vegetables는 잎을 식용하는 채소로 줄기를 함께 먹기도 한다. 잎채소에는 배추, 상추, 미나리, 부추, 양배추, 무청, 쑥갓, 근대, 시금치, 케일, 파슬리 등이 있다.

3) 줄기채소

줄기채소stem vegetables는 줄기를 식용하는 채소로 셀러리, 아스파라거스, 죽순, 두릅 등이 있다.

4) 꽃채소

꽃채소flower vegetables는 꽃을 식용하는 채소로 아티초크, 콜리플라워, 브로콜리 등이 있다.

5) 열매채소

열매채소fruit vegetables는 열매 또는 씨를 식용하는 채소로 열매를 먹는 채소에는 오이, 가지, 피망, 파프리카, 고추, 오크라, 단호박 등이 있고, 씨앗을 식용하는 채소에는 완두콩, 청대콩 등이 있다.

2. 채소의 구조

식물세포는 세포벽cell wall과 원형질막plasm membrane, 세포질cytoplasm로 구성되어 있으며, 그 구조는 그림 6-2와 같다.

1) 세포벽

세포벽은 셀룰로오스, 헤미셀룰로오스, 리그닌, 검류, 펙틴물질 등의 식이섬유로 구성되어 있다.

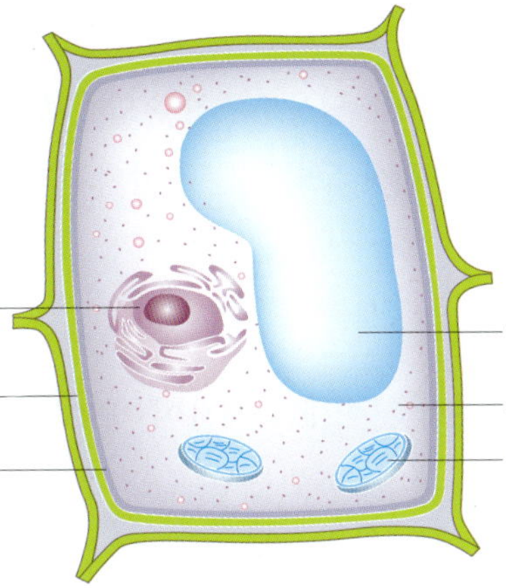

그림 6-2 식물세포의 구조

(1) 셀룰로오스

셀룰로오스cellulose는 세포벽의 주요 구성 성분이고, 세포벽을 단단하게 유지시켜 주며 식물에 다량 존재한다.

(2) 헤미셀룰로오스

헤미셀룰로오스hemicellulose는 세포와 세포 사이에 존재하며 셀룰로오스 사이를 연결해 준다. 일반적으로 자일로오스xylose, 아라비노오스arabinose와 같은 오탄당pentose으로 구성된 다당류의 혼합물로 물에는 녹지 않으나 탄산수소나트륨과 같은 알칼리에는 녹는다.

(3) 리그닌

리그닌lignin의 함량은 식물이 성숙함에 따라 증가하여 채소를 질겨지게 한다. 따라서 성숙한 아스파라거스, 가지, 시금치 줄기, 브로콜리 등은 점차 질겨지고, 가열해도 부드러워지지 않는다.

(4) 검류

검류gums는 여러 종류의 당 또는 당유도체의 혼합물로 구성되며, 물을 흡수하여 부피를 부풀게 하는 특성이 있어 드레싱 등의 점성을 증가시키는 증점제로 사용한다.

(5) 펙틴물질

펙틴pectin은 세포벽과 세포벽 사이에 존재하여 세포와 세포 사이를 결착시키며 텍스처에 영향을 준다. D-갈락투론산D-galacturonic acid 중합체의 물질이 α-1,4 글루코시드 α-1,4 glucoside 결합을 하고 있고, 펙틴의 종류로는 프로토펙틴protopectin, 펙틴pectin, 펙트산pectic acid 등이 있다.

2) 원형질 막

원형질을 둘러싸고 세포 내부를 채우고 있는 막으로 세포막cell membrane이라고도 한다.

3) 세포질

세포질에는 액포vacuole, 미토콘드리아mitochondria, 엽록체chloroplast와 같은 색소체 plastids 등이 존재한다.

색소체는 전분과 색소가 존재하며, 색소에 따라 백색체leucoplast, 엽록체, 유색체 chromoplast의 형태로 존재한다. 백색체는 무색의 전분 입자가 저장되어 있고, 엽록체는 엽록소를 함유하며, 유색체에는 카로티노이드 색소를 함유하여 오렌지색 또는 황색을 나타낸다.

액포는 액체로 된 공간으로 수용성 성분이 일부 포함되어 있으며, 식물세포의 삼투압 유지에 중요한 역할을 한다. 다당류, 무기염류, 유기산, 비타민, 페놀 유도체, 안토시아닌 색소 등이 물에 녹아 있으며, 식품 특유의 향미와 산도 등에 기여한다. 또한 액포 안에 있는 세포액은 팽압turgor pressure을 유지시켜 텍스처에 영향을 준다.

3. 채소의 성분

채소는 수분이 70~90%로 가장 많고, 무기질, 비타민, 식이섬유가 풍부하나 단백질과 지질은 거의 없다.

1) 탄수화물

채소는 과일에 비해 식이섬유의 함량은 높으나, 전체적으로 탄수화물은 소량 존재한다.

2) 단백질과 지질

채소는 단백질과 지질함량이 매우 낮다. 그러나 채소의 어린잎과 줄기 속에는 특유의 맛을 내는 아스파르트산aspartic acid, 글루탐산glutamic acid, 아스파라긴asparagine, 아마이드amide류 등의 아미노산이 존재한다. 대부분의 채소에는 지질함량이 거의 없으나, 열매채소인 청대콩에는 비교적 다량 함유되어 있다.

3) 비타민

채소는 비타민함량이 높다. 등황색 채소는 비타민 A의 전구체인 카로티노이드carotenoid 색소를 함유하고 있고, 완숙한 채소류에는 비타민 C가 많이 함유되어 있다.

4) 무기질

채소는 일반적으로 칼륨함량이 높다. 뿌리채소는 마그네슘함량이 높고, 잎채소는 칼슘, 인, 철의 함량이 높다.

5) 유기산

유기산은 세포의 대사산물로 비휘발성과 휘발성으로 나뉘고, 그 비율은 채소 종류에 따라 다르다. 비휘발성 유기산은 사과산malic acid, 구연산citric acid, 수산oxalic acid, 호박산succinic acid 등이 있으며, 휘발성 황화합물과 함께 향미 성분이 된다. 대부분 채소의 pH는 7보다 낮고, 유기산 중 염의 형태로 존재하여 신맛을 느낄 수 없다.

6) 색소 성분

채소의 색소에는 지용성인 카로티노이드계, 클로로필계와 수용성인 플라보노이드계가 있다.

(1) 카로티노이드계

카로티노이드계 채소

카로티노이드는 당근, 살구, 토마토의 오렌지색, 황색 또는 황적색을 띠는 지용성 색소로, 녹색채소의 엽록체에 클로로필과 함께 존재한다. 카로티노이드는 카로틴carotene과 잔토필xanthophyll로 구분하는데, 카로틴에는 α, β 및 γ-카로틴과 라이코펜lycopene이 있고, 당근, 토마토, 수박 등에 존재한다. 잔토필에는 루테인lutein, 제아잔틴zeaxanthin, 크립토잔틴cryptoxanthin이 있고, 옥수수, 감, 호박, 감귤류 등에 존재한다.

(2) 클로로필계

클로로필계 채소

클로로필chlorophylls은 시금치, 브로콜리 등의 녹색을 띠는 색소이다. 클로로필은 식물의 잎과 줄기세포의 엽록체에 단백질과 결합되어 존재한다. 클로로필은 적색소인 헤민그룹hemin group과 유사하며, 분자의 중심에 Mg^{2+}가 있고, 4개의 피롤그룹pyrrole group이 포피린 고리porphyrin ring를 형성하고 있다. 피톨phytol의 긴 탄소 사슬에 의해 클로로필은 지용성이며, 피톨기를 잃으면 수용성으로 변한다. 그림 6-3은 클로로필의 구조를 나타낸 것이다.

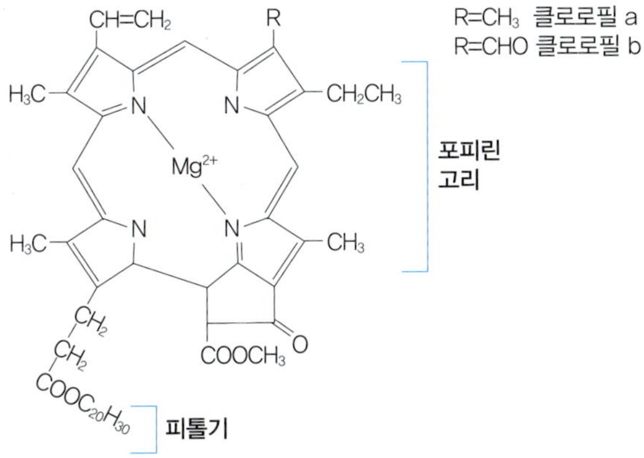

그림 6-3 클로로필의 구조

(3) 플라보노이드계

플라보노이드flavonoids계 색소는 안토시아닌, 안토잔틴, 베탈레인으로 구분한다.

안토시아닌anthocyanins은 자색 양배추, 당근, 비트, 가지, 자색 감자, 포도, 딸기 등의 적색, 보라색을 띠는 수용성 색소로 당류와 결합한 배당체의 형태로 존재한다.

안토잔틴anthoxanthins은 무, 양파, 감자, 연근, 콜리플라워 등 가식부위가 껍질부터 속까지 모두 백색인 것과 자색 양배추, 자색 양파, 가지와 같이 껍질은 붉고 속만 흰색을 띠는 것으로 나뉘며 수용성 색소이다. 대부분의 안토잔틴은 당류와 결합한 배당체의 형태로 존재하며, 백색 식물에 단독으로 존재하기도 하고 안토시아닌과 함께 존재하기도 한다. 식물에서는 플라본flavone, 플라보놀flavonol, 플라보논flavonone, 이소플라본isoflavone 등이 있으며, 옥수수의 황색, 밀과 아스파라거스의 담황색은 플라본, 양파의 황색과 메밀의 무색은 플라보놀, 감귤 과피의 무색은 플라보논에 의해서 나타난다.

베탈레인betalains은 비트에 존재하는 수용성 색소로 적색의 베타시아닌betacyanin과 황색의 베타잔틴betaxanthin이 있다.

표 6-1은 채소의 색소별 특징을 정리한 것이다.

표 6-1 색소별 특징

색소				채소	색
지용성	카로티노이드계 (carotenoids)	카로틴 (carotene)	α-카로틴	당근, 찻잎	주황색
			β-카로틴	당근, 고추	
			γ-카로틴	당근, 살구	
			라이코펜(lycopene)	토마토, 수박	적색
		잔토필 (xanthophyll)	루테인(lutein)	호박, 녹황색채소	주황색
			제아잔틴(zeaxanthin)	옥수수	
			크립토잔틴(cryptoxanthin)	옥수수, 호박	
	클로로필계(chlorophyll)			녹색채소 및 미숙과일	진녹색, 녹색
수용성	플라보노이드계 (flavonoids)	안토시아닌(anthocyanins)		자색 양배추, 당근, 비트, 가지, 자색 감자, 포도, 딸기	적색
		안토잔틴(anthoxanthins)		무, 양파, 감자, 연근, 콜리플라워	백색, 담황색
		베탈레인 (betalains)	베타시아닌(betacyanin)	비트	적색
			베타잔틴(betaxanthin)	비트	황색

7) 향미 성분

채소의 향미 성분에는 당, 유기산, 휘발성 향기 성분들이 있고, 이들이 복합적으로 영향을 주어 채소 고유의 향미를 갖는다. 강한 향미를 가진 채소에는 백합과와 십자화과 채소가 있다. 백합과에는 마늘, 양파, 부추 등이 있으며, 알린allin, S-프로페닐 시스테인 설폭사이드S-propenyl-cysteine sulfoxide 등의 향기 성분을 함유하고 있다. 십자화과에는 배추, 양배추, 갓, 브로콜리, 무, 겨자, 고추냉이 등이 있으며, 향기 성분으로는 시니그린sinigrin, S-메틸-L-시스테인 설폭사이드S-methyl-L-cysteine sulfoxide와 같은 황화합물을 함유하고 있다.

마늘의 향기 성분인 알린은 알리나아제alliinase와 함께 존재하므로 마늘 조직이 파괴되면 알린에 효소가 바로 작용하여 마늘의 매운 향기 성분인 알리신allicin을 형성한다. 알리신은 매우 불안정한 휘발성 물질로 분해되어 강한 냄새의 디알릴 디설파이드diallyl disulfide를 형성하여 마늘 특유의 냄새를 가진다.

양파의 향미 성분인 S-프로페닐 시스테인 설폭사이드는 효소의 작용을 받아 프로페닐 설펜산propenyl sulphenic acid을 형성하고, 최루성분인 티오프로판알 설폭사이드thiopropanal sulfoxide로 변하여 눈을 자극하고 눈물이 나게 한다. 이 성분은 물에 잘 용해되므로 물에 담근 상태로 껍질을 벗기거나 찬물에 담갔다가 썰면 덜 맵다.

신선한 배추의 향긋한 냄새 성분은 시니그린sinigrin으로 배추를 칼로 자르면 미로시나아제myrosinase에 의해 겨자유mustard oil의 주성분인 알릴 이소티오시아네이트allyl isothiocyanate를 형성하여 독특한 향기와 자극적인 매운맛을 낸다. 미로시나아제의 최적 온도는 40℃ 전후이므로 겨잣가루를 따뜻한 물에 개면 매운맛이 발현된다.

이외 채소에는 알칼리성 물질, 옥살산oxalic acid, 알칼로이드 화합물 및 탄닌 물질 등을 함유하고 있어 아린맛, 쓴맛, 떫은맛, 매운맛을 낸다.

부엌 둘러보기

양파를 가열하면 단맛이 나는 이유는?

양파를 가열하면 설탕의 50배 정도의 단맛을 내는 프로필머캅탄(propyl mercaptan)이 생성된다.

4. 채소의 조리에 의한 변화

1) 가열에 의한 변화

녹색채소의 클로로필은 지용성 색소로 물에 녹지 않으나 끓는 물에 넣으면 더욱 선명한 푸른색이 되고, 더 가열하면 녹갈색의 페오피틴pheophytin을 형성한다. 특히 조리수가 산성일 때 더 빨리 일어난다. 그러나 녹색채소를 데치고 찬물에 헹구면 채소는 색이 더욱 선명해지는데, 이는 세포 간의 공기층이 제거되어 물로 채워지면서 더욱 선명하고 진해지기 때문이다.

반면 카로티노이드와 안토시아닌은 비교적 열에 안정하다. 그러나 안토시아닌을 장기간 가열하면 색이 어두워지며, 베타시아닌은 적색이 엷어진다.

일반적으로 채소류를 가열하면 조직에 영향을 주어 식이섬유를 부드럽게 한다. 세포 사이의 공기층 비율이 높아질수록 아삭아삭해지나, 공기층이 제거되면 조직이 연화되고 물러지며 채소의 부피가 줄어든다.

2) 산에 의한 변화

산성에서 녹색의 클로로필은 Mg^{2+}이 H^{+}로 치환되어 녹갈색의 페오피틴을 형성한다. 오이김치를 담갔을 때 점차 색이 변하는 이유는 발효에 의해 생성된 젖산lactic acid이나 아세트산acetic acid이 클로로필에 작용하여 페오피틴을 형성하기 때문이다.

안토시아닌 색소는 산성 용액에서 붉은색을 띠고, 중성 용액에서는 보라색을 띤다. 그러나 베타시아닌은 거의 변화가 없고, 카로티노이드와 안토잔틴은 산에 안정하며, 소량의 산을 첨가하면 선명한 색을 유지할 수 있다.

3) 알칼리에 의한 변화

클로로필은 알칼리에 의해 클로로필라이드chlorophyllide를 거쳐 클로로필린chlorophyline을 형성하는데 색은 더욱 선명해진다. 그러나 알칼리에서 녹색채소는 식이섬유가 연화되어 채소의 질감이 나빠지고 비타민 B_1과 C가 파괴되므로 영양소가 손실될 우려가 있다.

카로티노이드와 베타시아닌은 알칼리에서 안정하다. 안토잔틴은 알칼리에서 가수분해되어 노란색을 띠는데, 이러한 예로 밀가루에 탄산수소나트륨을 섞어 빵을 만들면 노란색으로 연하게 되는 것을 들 수 있다.

안토시아닌은 알칼리에서 불안정하여 청색으로 변하는데 이 반응은 가역적이므로 식초 등의 산성 용액으로 처리하면 다시 붉은색으로 환원된다.

4) 금속이온에 의한 변화

클로로필은 구리와 반응하면 Mg^{2+}이 Cu^{2+}이온으로 치환되어 선명한 구리-클로로필Cu-chlorophyll이 되고, 철과 반응하면 선명한 갈색의 철-클로로필Fe-chlorophyll을 형성한다. 또한 녹색 채소가 산과 반응하여 녹갈색의 페오피틴으로 변한 경우에도 구리와 같은 염류를 첨가하면 페오피틴의 H^{+}가 Cu^{2+}로 치환되어 선명한 녹색으로 변하게 된다. 녹색의 완두콩 통조림은 0.05%의 황산구리$CuSO_4$를 넣어 안정적인 구리-클로로필을 형성하므로 녹색을 보존할 수 있다.

안토잔틴은 금속이온과 반응하여 불용성의 복합체를 형성한다. 감자와 양파를 철로 만든 칼로 다지면 감자는 청록색이나 흑갈색이 되고, 양파는 적갈색으로 변하며, 양파를 알루미늄 팬에서 조리하면 황색으로 변한다.

안토시아닌은 금속이온과 반응하여 청색, 자색, 회색, 갈색 등 여러 가지 색의 복합체를 형성하기 때문에 채소 통조림에서 변색되는 것을 방지하기 위하여 에나멜 코팅을 한 주석관을 사용한다.

5) 산소 및 효소에 의한 변화

클로로필을 산소에 오래 노출시키면 황색이 된다. 카로티노이드는 공기 중의 산소에 안정하나 조리과정을 거친 식품의 경우는 산화되어 색이 변하게 된다. 볶아 둔 당근이 시간이 지남에 따라 색이 점점 어둡고 칙칙한 색으로 변하는 것은 카로티노이드 색소가 조리 후 산화되기 때문이다.

녹색채소는 클로로필 분해효소인 클로로필라아제chlorophyllase에 의해 클로로필의 피톨기가 변화되어 수용성의 클로로필라이드를 형성한다. 따라서 녹색채소를 데치거나 삶으면 조리한 물이 진한 청록색을 띠게 된다.

5. 채소의 조리 및 이용

1) 생채류

생채는 신선한 채소를 초고추장, 드레싱 등을 이용하여 무쳐 먹는 것으로, 미리 무쳐 놓으면 색과 맛이 변하므로 먹기 직전에 무치는 것이 좋다.

배추는 큰 잎째로 씻은 후 썰어서 사용하면 영양소의 손실을 막을 수 있고, 잘게 채 썬 양배추를 찬물에 담가 두면 삼투압에 의해 양배추의 세포 내로 물이 들어가 채소의 팽압이 증가하여 아삭아삭한 질감을 느낄 수 있다.

도라지와 더덕의 쓴맛은 미리 소금에 비벼 물에 우려 내고, 씀바귀와 물쑥은 질기므로 물에 한 번 데쳐 연하게 한 후 물에 담가 쓴맛을 제거하도록 한다.

2) 숙채류

채소를 데치면 일부 영양소의 손실을 가져올 수 있으나, 부피가 줄어들어 생채일 때보다 1인당 섭취량이 많아져 다량의 섬유소와 무기질을 섭취할 수 있다.

채소를 물에 넣고 데칠 때 물의 양이 많으면 수용성 비타민의 손실이 많아지므로 적은 조리수에 단시간 데치는 것이 좋다.

3) 절임류

오이지를 담글 때 소금물을 끓여 붓는 이유는 뜨거운 소금물이 오이 속을 무르게 하는 효소polygalacturonase를 불활성화시키고, 오이 속을 단단하게 하는 효소pectinesterase는 활성화시켜 오이가 무르게 되는 연부현상을 막아 준다. 또한 돌로 눌러 놓는 등 공기와의 접촉을 차단하면 호기성 효모에 의해 오이가 물러지는 것을 막을 수 있다.

4) 침채류

김치는 채소에 고춧가루, 마늘, 생강, 파, 무 등의 여러 가지 양념류를 혼합하여 저온에서 숙성시키는 것으로 김치의 맛은 유기산, 이산화탄소, 알코올류, 유리아미노산 등에 의해 영향을 받는다. 5℃에서 20일 정도 저장되었을 때 맛과 영양이 가장 좋다.

실험 6-1	처리방법에 따른 시금치의 품질 비교	실험일시

1. 실험목적

시금치의 주요 색소인 클로로필이 가열 및 산·알칼리 처리 등 처리방법에 의해 변화되는 것을 이해한다.

2. 재료 및 분량

시금치 50g×4, 물 2C×4, 식초 1/2tsp, 탄산수소나트륨 1/2tsp

시료	처리방법
A	물이 끓은 후 뚜껑을 덮고 3분 데침
B	물이 끓은 후 뚜껑을 덮지 않고 3분 데침
C	식초를 1/2tsp 넣고 뚜껑을 덮지 않고 3분 데침
D	탄산수소나트륨을 1/2tsp 넣고 뚜껑을 덮지 않고 3분 데침

3. 실험기구

- 계량기구 : 전자저울, 계량컵, 계량스푼
- 일반기구 : 냄비, 기타 조리기구

4. 실험방법

① 시금치를 깨끗이 씻어 적당한 길이로 잘라 50g씩 4개의 시료를 준비한다.

② 물 2C을 냄비에 넣고 가열하여 끓으면 각 처리방법에 따라 처리하고 3분 동안 데친다.

③ 데친 시금치는 조리수와 따로 백색 그릇에 담은 후 색과 질감을 평가한다.

5. 실험결과

시료	시금치		조리수의 색과 상태[3]
	색[1]	질감(물컹거리는 정도)[2]	
A			
B			
C			
D			

1) 채소의 색을 관찰하고 무슨 색인지 기록한다.

2) 질감은 입에 넣어 씹어 보아 물컹거리는 정도를 순위법으로 측정한다(가장 물컹거리는 시료가 1순위).

3) 조리수의 색을 관찰하고 무슨 색인지 기록한다. 실험 상황에 따라 조리수의 색을 순위법으로 기록해도 좋다. 또한 조리수에 부유물이 존재하는지 관찰하고 조리수의 상태를 묘사분석한다.

실험 6-2	처리방법에 따른 당근의 품질 비교	실험일시

1. 실험목적

당근의 주요 색소인 카로티노이드가 가열 및 산·알칼리 처리에 의해 변화되는 것을 이해한다.

2. 재료 및 분량

당근 50g×4, 물 2C×4, 식초 1/2tsp, 탄산수소나트륨 1/2tsp

시료	처리방법
A	물이 끓은 후 뚜껑을 덮고 3분 데침
B	물이 끓은 후 뚜껑을 덮지 않고 3분 데침
C	식초를 1/2tsp 넣고 뚜껑을 덮지 않고 3분 데침
D	탄산수소나트륨을 1/2tsp 넣고 뚜껑을 덮지 않고 3분 데침

3. 실험기구

- 계량기구 : 전자저울, 계량컵, 계량스푼
- 일반기구 : 냄비, 기타 조리기구

4. 실험방법

① 당근은 껍질을 벗겨 깨끗이 씻은 후 3×3×0.2cm의 크기로 썰어 50g씩 4개의 시료를 준비한다.

② 물 2C을 냄비에 넣고 가열하여 끓으면 각 처리방법에 따라 처리하고 3분 동안 데친다.

③ 데친 당근은 조리수와 따로 백색 그릇에 담은 후 색과 질감을 평가한다.

5. 실험결과

시료	당근		조리수의 색과 상태[3]
	색[1]	질감(물컹거리는 정도)[2]	
A			
B			
C			
D			

1) 채소의 색을 관찰하고 무슨 색인지 기록한다.

2) 질감은 입에 넣어 씹어 보아 물컹거리는 정도를 순위법으로 측정한다(가장 물컹거리는 시료가 1순위).

3) 조리수의 색을 관찰하고 무슨 색인지 기록한다. 실험 상황에 따라 조리수의 색을 순위법으로 기록해도 좋다. 또한 조리수에 부유물이 존재하는지 관찰하고 조리수의 상태를 묘사분석한다.

실험 6-3	처리방법에 따른 양파의 품질 비교	실험일시

1. 실험목적

양파의 주요 색소인 안토잔틴이 가열 및 산·알칼리 처리에 의해 변화되는 것을 이해한다.

2. 재료 및 분량

양파 50g×4, 물 2C×4, 식초 1/2tsp, 탄산수소나트륨 1/2tsp

시료	처리방법
A	물이 끓은 후 뚜껑을 덮고 3분 데침
B	물이 끓은 후 뚜껑을 덮지 않고 3분 데침
C	식초를 1/2tsp 넣고 뚜껑을 덮지 않고 3분 데침
D	탄산수소나트륨을 1/2tsp 넣고 뚜껑을 덮지 않고 3분 데침

3. 실험기구

- 계량기구 : 전자저울, 계량컵, 계량스푼
- 일반기구 : 냄비, 기타 조리기구

4. 실험방법

① 양파는 껍질을 벗겨 깨끗이 씻은 후 너비 2cm 정도로 잘라 50g씩 4개의 시료를 준비한다.

② 물 2C을 냄비에 넣고 가열하여 끓으면 각 처리방법에 따라 처리하고 3분 동안 데친다.

③ 데친 양파는 조리수와 따로 백색 그릇에 담은 후 색과 질감을 평가한다.

5. 실험결과

시료	양파		조리수의 색과 상태[3]
	색[1]	질감(물컹거리는 정도)[2]	
A			
B			
C			
D			

1) 채소의 색을 관찰하고 무슨 색인지 기록한다.

2) 질감은 입에 넣어 씹어 보아 물컹거리는 정도를 순위법으로 측정한다(가장 물컹거리는 시료가 1순위).

3) 조리수의 색을 관찰하고 무슨 색인지 기록한다. 실험 상황에 따라 조리수의 색을 순위법으로 기록해도 좋다. 또한 조리수에 부유물이 존재하는지 관찰하고 조리수의 상태를 묘사분석한다.

실험 6-4	처리방법에 따른 붉은 양배추의 품질 비교	실험일시

1. 실험목적

붉은 양배추의 주요 색소인 안토시아닌이 가열 및 산·알칼리 처리에 의해 변화되는 것을 이해한다.

2. 재료 및 분량

붉은 양배추 50g×4, 물 2C×4, 식초 1/2tsp, 탄산수소나트륨 1/2tsp

시료	처리방법
A	물이 끓은 후 뚜껑을 덮지 않고 3분 데침
B	물이 끓은 후 뚜껑을 덮지 않고 10분 데침
C	식초를 1/2tsp 넣고 뚜껑을 덮지 않고 3분 데침
D	탄산수소나트륨을 1/2tsp 넣고 뚜껑을 덮지 않고 3분 데침

3. 실험기구

- 계량기구 : 전자저울, 계량컵, 계량스푼
- 일반기구 : 냄비, 기타 조리기구

4. 실험방법

① 붉은 양배추는 씻어서 0.5cm 두께로 채를 썰어 50g씩 4개의 시료를 준비한다.

② 물 2C을 냄비에 넣고 가열하여 끓으면 각 처리방법에 따라 처리하고 3분 동안 데친다.

③ 데친 양배추는 조리수와 따로 백색 그릇에 담은 후 색과 질감을 평가한다.

5. 실험결과

시료	양배추		조리수의 색과 상태[3]
	색[1]	질감(물컹거리는 정도)[2]	
A			
B			
C			
D			

[1] 채소의 색을 관찰하고 무슨 색인지 기록한다.

[2] 질감은 입에 넣어 씹어 보아 물컹거리는 정도를 순위법으로 측정한다(가장 물컹거리는 시료가 1순위).

[3] 조리수의 색을 관찰하고 무슨 색인지 기록한다. 실험 상황에 따라 조리수의 색을 순위법으로 기록해도 좋다. 또한 조리수에 부유물이 존재하는지 관찰하고 조리수의 상태를 묘사분석한다.

실험 6-5	처리방법에 따른 감자의 변색 비교	실험일시

1. 실험목적

처리방법에 따라 감자 중의 티로신이 효소인 티로시나아제에 의해 멜라닌을 형성하는 차이를 비교해 본다.

2. 재료 및 분량

감자(중)×4, 소금, 물 2C×3, 소금

시료	처리방법
A	감자를 그대로 공기 중에 30분간 방치
B	물 2C에 30분간 담금
C	1%의 소금물 2C에 30분간 담금
D	물 2C에 5분간 삶음

3. 실험기구

- 계량기구 : 전자저울, 계량컵, 계량스푼
- 일반기구 : 냄비, 찜통, 기타 조리기구

4. 실험방법

① 감자 4개의 껍질을 벗겨 균일한 크기(1×1×1cm)로 썰어 시료 A, B, C, D로 나눈다.

② 각 처리방법에 따라 처리한 후 변색 여부를 관찰한다.

5. 실험결과

시료	변색 여부[1]
A	
B	
C	
D	

[1] 어떤 시료가 변색되는지 기록한다. 변색이 된 경우 그 이유에 대해 고찰한다.

CHAPTER

7

과일류

1. 과일의 분류 2. 과일의 구조 3. 과일의 성분
4. 과일의 조리에 의한 변화 5. 과일의 조리 및 이용

7

과일은 식물의 씨방과 그 주변 조직이 발달하여 생긴 열매로 비타민, 무기질, 식이섬유, 생리활성물질(phytochemicals) 및 향미성분을 함유하고 있으며, 잼과 젤리로도 이용한다.

1. 과일의 분류

과일은 일반적으로 씨방이 성장하여 발달한 핵과류, 중과피와 내과피로 구성된 장과류, 꽃받침이 발달한 인과류, 외과피가 단단한 견과류로 분류한다.

1) 핵과류

핵과류stone fruit는 과육의 중간에 씨방이 발달하여 과일의 딱딱한 핵층이 있고 그 안에 종자가 들어 있는 과일로, 대추, 매실, 복숭아, 자두, 살구, 앵두 등이 있다.

2) 장과류

장과류berry fruit는 중과피와 내과피로 구성되어 그 속에 즙이 많은 육질로 이루어진 과일이다. 딸기, 망고, 무화과, 바나나, 키위, 파인애플, 포도 등이 있다.

무화과

3) 인과류

인과류pome fruit는 꽃받침이 발달하여 성장한 것으로 꼭지와 배꼽이 서로 반대편에 위치하는 과일이다. 사과, 배, 감, 감귤류 등이 있다.

4) 견과류

견과류nut는 외과피가 단단하고 속에 종실이 있는 형태로 영양분이 종실 내에 저장되어 있는 밤, 호두, 잣, 은행 등이 있다.

그 외 열대나 아열대 지방에 나는 열대과일류tropical fruit가 있는데, 그 종류에는 바나나, 파인애플, 파파야, 아보카도, 키위, 코코넛, 구아바 등이 있다. 또한 수확 후에도 계속 호흡속도가 증가하므로 덜 익은 상태에서 수확하는 사과, 배, 토마토, 복숭아, 살구, 바나나, 망고, 메론, 아보카도, 파파야, 구아바, 무화과 등의 후숙과일이 있고, 수확 후 호흡이 느려져 더 이상 익지 않는 딸기, 포도, 수박, 감귤류, 레몬, 체리 등의 완숙과일이 있다.

2. 과일의 구조

과일의 내부 구조는 과일의 종류마다 다르며, 그림 7-1은 핵과류와 인과류의 내부 구조를 나타낸 것이다.

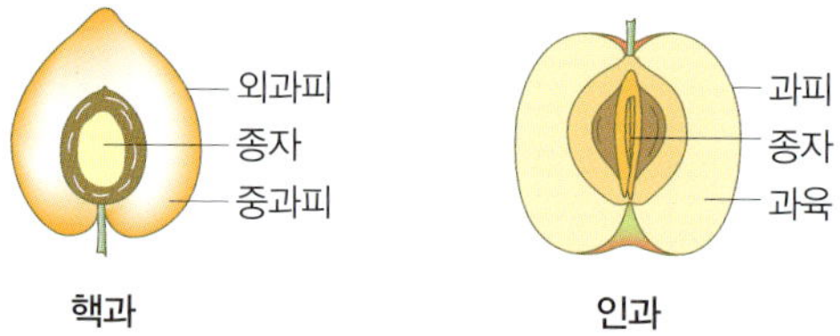

그림 7-1 핵과류와 인과류의 구조

3. 과일의 성분

과일의 구성 성분은 종류에 따라 차이가 있으나, 일반적으로 수분함량이 80~90%이고, 주된 영양소는 탄수화물이며 다량의 무기질, 비타민 및 식이섬유를 함유하고 있다.

1) 탄수화물

과일은 약 10% 탄수화물을 함유하고 있다. 종류와 성숙도에 따라 탄수화물함량이 다르나 숙성과정 동안 전분이 당으로 분해되어 단맛이 증가하게 된다. 바나나는 대표적인 후숙과일로 덜 숙성된 상태로 구입해서 실온에서 숙성시키면 전분이 당으로 분해되어 단맛이 증가한다.

2) 단백질

과일에는 약 1% 내외의 단백질이 함유되어 있고 견과류에는 비교적 많은 단백질이 존재한다. 그 예로 호두에는 20~30%의 단백질이 함유되어 있으며, 주된 단백질로는 글루텔린glutelin과 트립토판tryptophan이 있다.

3) 지질

대부분의 과일은 지질함량이 적으나 아보카도, 코코넛 등은 예외이다. 아보카도는 약 19%의 지방을 함유하고 지방산 중 85%가 불포화지방산으로 이루어져 있다. 코코넛은 약 26%의 지방을 함유하고, 지방산 중 89%가 포화지방산으로 이루어져 있다.

견과류인 호두와 잣에는 약 60%의 지방이 함유되어 있으며, 리놀레산linoleic acid 등의 불포화지방산함량이 높다.

4) 비타민

비타민의 함량은 품종, 성장 기후, 일조량, 성숙도 등에 따라 영향을 받는다. 과일은 일반적으로 비타민이 풍부하며, 특히 비타민 A와 C가 풍부하나 B군은 비교적 적게 존재한다. 비타민 C는 감귤류, 딸기, 키위, 멜론 등에는 풍부하나, 귤의 경우 과육보다는 껍질에 그함량이 높다. 비타민 A는 단감, 수박, 망고 등에 많고, 특히 과육이 등황색인 살구, 황도, 바나나, 단감에는 β-카로틴이 풍부하다.

5) 무기질

과일은 칼륨과 칼슘이 많은 알칼리성 식품으로 바나나, 아보카도, 구아바에는 칼륨이 많고, 오렌지, 자몽, 유자에는 칼슘이 많다.

6) 식이섬유

과일에는함량의 차이는 있으나 난소화성 탄수화물인 펙틴 등의 가용성 식이섬유가 많다.

7) 색소 성분

과일의 색소는 카로티노이드계, 클로로필계, 플라보노이드계가 있고, 플라보노이드계에는 안토시아닌, 안토잔틴, 베탈레인이 있다.

(1) 카로티노이드계

카로티노이드carotenoids는 살구, 오렌지 등 등황색 과일의 색소로 살구에는 γ-카로틴 γ-carotene, 토마토·수박·자몽에는 라이코펜lycopene, 오렌지에는 잔토필xanthophyll이 있다.

(2) 클로로필계

클로로필chlorophylls은 멜론, 아보카도 등의 녹색을 띠는 색소로 익지 않은 과일에 많으며, 과일이 익어가면서 클로로필은 줄어들고 다른 색소들이 클로로필보다 많아져 과일 특유의 색을 나타낸다.

(3) 플라보노이드계

① 안토시아닌

안토시아닌anthocyanins은 적색, 자색 또는 청색을 지닌 색소로 시아니딘cyanidin, 펠라고니딘pelargonidin, 델피니딘delphinidin의 종류가 있다. 딸기류·앵두·사과 껍질·포도 껍질·석류 등에 시아니딘이 다량 존재하며, 포도·가지 등에 델피니딘이 존재한다. 딸기의 경우 숙성 전에는 안토잔틴의 함량이 많으나 익어가면서 안토시아닌의 함량이 많아져 특유의 적색을 띠게 된다.

② 안토잔틴

안토잔틴anthoxanthins은 흰색과 담황색을 띠는 수용성 색소로 안토시아닌 색소보다 식물계에 더 널리 분포되어 있으며 배당체로 존재한다.

③ 베탈레인

베탈레인betalains은 자줏빛의 과일에 포함되어 있다.

8) 유기산

과일에 따라 유기산의 종류와함량이 다르다. 복숭아, 자두, 사과에는 사과산malic acid이 풍부하고, 감귤류에는 구연산citric acid, 포도에는 주석산tartaric acid의 함량이 많다. 그러나 배나 감에는 유기산함량이 낮아 신맛이 거의 나지 않는다.

9) 향미 성분

과일의 향미 성분은 에스테르ester류로 과일의 종류에 따라 그 조성이 매우 복잡하기 때문에 과일의 향기를 분석하고 결정하는 것은 어렵다. 또한 동일한 과일이라고 하더라도 덜 익은 과일과 과숙한 과일의 향기와 맛은 다르다.

파인애플의 향미는 메틸 부티르산methylbutyric acid이라는 에스테르이고, 살구는 벤즈알데하이드benzaldehyde와 같은 알데하이드aldehyde류가 주성분이다.

10) 기타 성분

덜 익은 매실과 은행은 아미그달린amygdalin과 같은 청산배당체를 함유하고 있어 중독성이 있다. 무화과, 파파야, 키위, 파인애플에는 각각 단백질 분해효소인 피신ficin, 파파인papain, 액티니딘actinidin, 브로멜린bromelin이 존재하여 육류 조리 시 연화작용을 한다.

4. 과일의 조리에 의한 변화

1) 펙틴의 조리적 특성

펙틴질pectin substances은 세포벽에 존재하는 식이섬유로 겔을 형성하는 특징이 있으며, 채소와 과일에 아삭아삭한 질감을 준다.

펙틴질에는 프로토펙틴protopectin, 펙틴pectin, 펙트산pectic acid이 있다. 프로토펙틴은 미숙한 과일에 많으며 과일이 성숙함에 따라 프로토펙티나아제protopectinase에 의해 펙틴으로 전환되어 조직이 연해진다. 또 펙틴은 성숙한 과일에 많으며 펙티나아제pectinase에 의해 펙트산으로 분해된다.

그림 7-2는 과일의 성숙과정에 따른 펙틴질의 종류와 겔 형성능력을 나타낸 것이다.

펙틴의 겔 형성능력은 잼과 젤리를 만들 때 이용된다. 펙틴은 에스테르화도degree of esterification, DE에 따라 일반적으로 고메톡실 펙틴high methoxyl pectin(DE 50% 이상)과 저메톡실 펙틴low methoxyl pectin(DE 50% 미만)으로 분류할 수 있다. 고메톡실 펙틴은 메톡실기 함량이 7% 이상으로 90℃의 고온의 물, 우유에 녹으나 겔 형성 시 고농도의 설탕이 필요하다. 또 고메톡실 펙틴은 수용액 상태에서 음전하와 물분자를 갖는 안정한 콜로이드를 이루고 있다. 여기에 산(pH 2.0~3.5)과 당(60~65%)을 첨가하여 가열하면 산에 의해 전하가 제거되고 수분이 당과 결합하여 겔 형성을 촉진한다.

저메톡실 펙틴은 메톡실기 $-CH_3O$ 함량이 7% 이하로 냉수에서 녹으며, 칼슘이온Ca^{++} 또는 마그네슘이온Mg^{++}이 존재할 경우 당이나 산의 양에 관계없이 펙틴 겔을 형성할 수 있어 저열량 잼이나 젤리 제조에 이용한다. 저메톡실 펙틴에 우 유를 첨가하면 칼슘이온에 의해 겔을 형성할 수 있다.

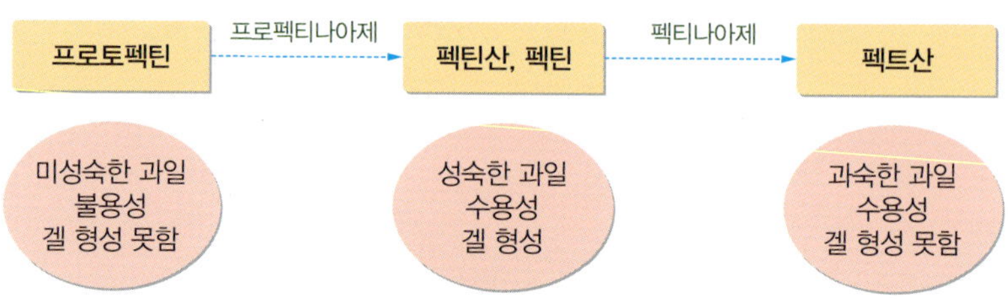

그림 7-2 펙틴질의 종류

펙틴 겔gel 형성에 영향을 주는 요인에는 펙틴의 농도, pH, 당의 농도 등이 있다.

(1) 펙틴의 농도

펙틴 겔 형성을 위해서는 0.1~1.8%의 펙틴이 필요하다. 포도, 사과, 감귤류의 껍질과 과육에는 펙틴물질이 농축되어 있어 펙틴 겔을 형성하기 쉬우나, 펙틴이 충분하지 않은 과일은 펙틴을 더 첨가하면 겔을 형성할 수 있다.

(2) pH

펙틴이 겔을 형성하기 위해서는 산이 필요하며, 수소이온 농도도 중요하다. 펙틴 농도가 일정할 때 pH가 낮을수록 겔의 형성은 빠르다. 최적의 pH는 3.0~3.3 정도로 이를 맞추기 위해 구연산이나 레몬주스 등을 이용한다.

(3) 당의 농도

펙틴이 겔을 형성하는 최적의 당함량은 60~65%이고, 당의 함량이 많을수록 겔의 강도는 강해진다. 설탕은 분자 내에 수산기-OH를 가지고 있어 펙틴을 탈수시켜 분자 간의 간격을 줄여 겔의 형성을 돕는다. 설탕을 나중에 넣고 가열하면 겔 강도가 약해지므로 처음부터 설탕을 넣어 가열하는 것이 좋다.

2) 효소적 갈변

과일의 껍질을 벗기거나 잘라 놓으면 자른 단면이 공기와 접촉하여 갈색으로 변한다. 이것은 과일 조직 속의 폴리페놀화합물이 폴리페놀옥시다아제polyphenol oxidase, polyphenolase에 의해 갈색 물질을 생성하는 효소적 갈변 현상 때문이다. 이러한 효소적 갈변 반응은 식품의 품질을 저하시키므로 여러 가지 방법으로 갈변을 방지하지만, 홍차와 같이 의도적으로 효소적 갈변을 일으키는 제품도 있다.

표 7-1 에는 과일의 효소적 갈변 방지법에 대한 방법과 예를 나타내었다.

표 7-1 효소적 갈변 방지법

요인	방법	예
pH	pH를 산성으로 변화시켜 폴리페놀옥시다아제(최적 pH 5.8~6.8)의 활성 억제	껍질을 벗긴 후 레몬, 오렌지즙 등에 담금
온도	효소의 최적 작용온도(30~50℃)를 벗어나게 하여 활성 억제	얼음물 또는 동결저장
	가열하여 효소(폴리페놀옥시다아제, 티로시나아제 등)를 변성시켜 억제	데치거나 열처리한 통조림·병조림
산소	산소와의 접촉 억제 또는 물에 담가 효소를 침출시켜 효소의 활성 억제	껍질을 벗긴 후 진공포장 또는 물, 소금물 및 설탕물에 담금
효소 저해물질	효소에 강한 저항성이 있는 아황산가스, 아황산염, 염소 등을 첨가시켜 효소의 활성 억제	과일 가공 시 아황산, 아황산염 및 소금 사용
	환원성 물질을 첨가시켜 효소의 활성 억제	아스코르브산 또는 -SH 화합물(시스테인, 글루타티온) 첨가
금속물질	철과 구리를 이용하여 갈변효소 활성 억제	철제 금속용기 또는 스테인리스스틸 사용

5. 과일의 조리 및 이용

과일은 잼과 젤리 등의 형태로 만들어 이용하기도 한다.

「식품공전」에서는 잼류를 잼, 마멀레이드, 프리저브preserve 및 기타 잼류로 구분하고 있다. 잼류는 과채류를 원료로 한 것으로 잼은 젤리화한 것이고, 기타 잼류는 원료를 그대로 또는 당류와 함께 시럽, 젤리 등으로 가공한 것이라고 정의한다. 또 마멀레이드는 감귤류를 원료로 한 것이고, 프리저브는 딸기 이외의 베리류를 이용하여 과실의 원형을 그대로 유지한 것이라고 하였다.

잼이 완성되는 시점을 알기 위해서는 주로 스푼법spoon test과 컵법cup test을 이용한다. 스푼법은 잼을 스푼에 떠서 떨어뜨릴 때의 점성을 확인하는 방법이고, 컵법은 잼을 찬물이 담긴 컵에 떨어뜨려 물 속에서의 흩어지는 성상을 확인하는 방법이다. 그 외 온도계법(103~105℃)과 당도계법(65%)을 이용한다.

실험 7-1	과일즙 종류에 따른 젤리의 품질 비교	실험일시

1. 실험목적

과일즙의 종류를 달리하여 제조한 젤리의 품질을 비교한다.

2. 재료 및 분량

시료	과일즙(g)	펙틴(g)	설탕(g)
A	포도즙 200	4	100
B	사과즙 200		
C	복숭아즙 200		
D	오렌지즙 200		

3. 실험기구

- 계량기구 : 전자저울, 온도계
- 일반기구 : 냄비, 나무주걱, 기타 조리기구

4. 실험방법

① 냄비에 각 시료의 중량에 맞게 과일즙과 설탕을 넣은 후 중간불에서 설탕이 녹을 때까지 잘 저어 준다.

② 설탕이 녹으면 펙틴을 첨가한 후 104℃까지 가열한다. 펙틴을 첨가할 때는 체에 쳐서 덩어리지지 않게 잘 풀어 준다.

③ 104℃에 도달하면 재빨리 불에서 내려 일정한 모양의 용기에 담아 30분 정도 식힌 후 냉장고에 넣어 굳힌다.

④ 굳힌 젤리를 균일한 크기(2×2×1cm)로 잘라 품질을 비교한다.

tip 시료 준비의 편리성을 위하여 과일즙의 경우 원액 주스를 사용해도 좋다.

5. 실험결과

시료	단단한 정도[1]	탄력성[2]	응집성[3]	입안에서의 전체적인 맛[4]
A				
B				
C				
D				

[1] 단단한 정도는 손으로 눌러 보고 순위법으로 평가한다(가장 단단한 시료가 1순위).

[2] 탄력성은 손으로 눌러 보고 순위법으로 평가한다(가장 탄력적인 시료가 1순위).

[3] 응집성은 입안에서 부서지기 전까지의 변형되는 정도를 순위법으로 평가한다(가장 응집성이 있는 시료가 1순위).

[4] 입안에서의 전체적인 맛은 묘사분석한다.

실험 7-2	설탕 첨가량에 따른 젤리의 품질 비교	실험일시

1. 실험목적

당의 함량을 달리하여 제조한 젤리의 품질을 비교한다.

2. 재료 및 분량

시료	포도즙(g)	펙틴(g)	설탕(g)
A	200	4	100
B			120
C			140
D			160

3. 실험기구

- 계량기구 : 전자저울, 온도계
- 일반기구 : 냄비, 나무주걱, 기타 조리기구

4. 실험방법

① 냄비에 각 시료의 중량에 맞게 포도즙과 설탕을 넣은 후 중간불에서 설탕이 녹을 때까지 잘 저어 준다.

② 설탕이 녹으면 펙틴을 첨가한 후 104℃까지 가열한다. 펙틴을 첨가할 때는 체에 쳐서 덩어리지지 않게 잘 풀어 준다.

③ 104℃에 도달하면 재빨리 불에서 내려 일정한 모양의 용기에 담아 30분 동안 식힌 후 냉장고에서 30분 동안 굳힌다.

④ 굳힌 젤리를 균일한 크기(2×2×1cm)로 잘라 관능적 품질을 비교한다.

tip 시료 준비의 편리성을 위하여 포도즙의 경우 원액 주스를 사용해도 좋다.

5. 실험결과

시료	겔 형성 정도	투명도	단단한 정도[1]	입안에서의 부드러운 정도[2]
A				
B				
C				
D				

1) 단단한 정도는 손으로 눌러 보고 순위법으로 평가한다(가장 단단한 시료가 1순위).

2) 입안에서의 부드러운 정도는 시식 후 순위법으로 평가한다(가장 부드러운 시료가 1순위).

실험 7-3	당의 종류에 따른 젤리의 품질 비교	실험일시

1. 실험목적

당의 종류를 달리하여 제조한 젤리의 품질을 비교한다.

2. 재료 및 분량

시료	오렌지즙(g)	펙틴(g)	당의 종류(g)
A	200	4	백설탕 100
B			이소말토올리고당 100
C			프럭토올리고당 100

3. 실험기구

- 계량기구 : 전자저울, 온도계
- 일반기구 : 냄비, 나무주걱, 기타 조리기구

4. 실험방법

① 냄비에 각 시료의 중량에 맞게 오렌지즙과 당을 넣은 후 중간불에서 잘 저어 준다. A의 경우는 설탕이 녹을 때까지 잘 저어 준다.

② ①에 펙틴을 첨가한 후 104℃까지 가열한다. 펙틴을 첨가할 때는 체에 쳐서 덩어리지지 않게 잘 풀어 준다.

③ 104℃에 도달하면 재빨리 불에서 내려 일정한 모양의 용기에 담아 30분 정도 식힌 후 냉장고에 넣어 굳힌다.

④ 굳힌 젤리를 균일한 크기(2×2×1cm)로 잘라 관능적 품질을 비교한다.

tip 시료 준비의 편리성을 위하여 오렌지즙의 경우 원액 주스를 사용해도 좋다.

5. 실험결과

시료	겔 형성 정도	투명도	단단한 정도[1]	맛[2]	입안에서의 부드러운 정도[3]
A					
B					
C					

1) 단단한 정도는 손으로 눌러 보고 순위법으로 평가한다(가장 단단한 시료가 1순위).

2) 맛은 묘사분석한다.

3) 입안에서의 부드러운 정도는 시식 후 순위법으로 평가한다(가장 부드러운 시료가 1순위).

실험 7-4	설탕 첨가량에 따른 마늘잼의 품질 비교	실험일시

1. 실험목적

설탕 첨가량을 달리하여 제조한 마늘잼의 품질을 비교한다.

2. 재료 및 분량

시료	마늘(g)	펙틴(g)	구연산(g)	설탕(g)
A	200	3	3	120
B				140
C				160
D				180
E				200

3. 실험기구

- 계량기구 : 전자저울
- 일반기구 : 냄비, 나무주걱, 푸드 프로세서food processor, 기타 조리기구

4. 실험방법

① 마늘을 세척하여 눈 부분을 잘라 낸 다음 10분간 중불에서 찐다.

② ①을 푸드 프로세서를 이용하여 2분간 파쇄하여 페이스트 상태로 만든다.

③ 위 시료의 펙틴과 설탕을 충분히 혼합한 다음, 마늘 페이스트를 혼합하여 중불에서 5분간 가열한다.

④ 가열한 마늘 페이스트에 구연산을 넣고 나무주걱으로 저어 주면서 2~10분간 젤리화가 될 때까지 가열한다.

5. 실험결과

시료	색[1]	향[1]	질감[1]	맛[1]	응집성[2]
A					
B					
C					
D					
E					

[1] 색, 향, 질감, 맛은 묘사분석한다.

[2] 응집성은 입안에서 부서지기 전까지의 변형되는 정도를 순위법으로 평가한다(가장 응집성이 있는 시료가 1순위).

CHAPTER

8

버섯류 및 해조류

1. 버섯류 및 해조류의 분류
2. 버섯류 및 해조류의 성분
3. 버섯류 및 해조류의 조리에 의한 변화
4. 버섯류 및 해조류의 조리 및 이용

8

버섯은 자실체의 모양에 따라 종류가 다양하고 특유의 감칠맛, 향, 질감이 있으며, 비타민과 식이섬유가 풍부하다. 천연 버섯은 재배 버섯에 비해 향이 강하다.

해조류는 난소화성 복합다당류로 구성되어 있으며, 무기질, 비타민 및 식이섬유가 풍부하다. 또한 여러 가지 기능성 물질을 함유한 알칼리성 식품으로 식품 물성 개량제로 많이 이용된다.

1. 버섯류 및 해조류의 분류

1) 버섯류의 종류

(1) 표고버섯

표고버섯oak mushroom은 갓의 형태에 따라 화고(화동고), 동고, 향고, 향신의 순으로 등급을 구분한다. 화고는 갓의 펴짐 정도가 거의 없고 모양이 거북 등처럼 갈라져 있어 그 사이에 하얀 부분이 많은 것을 말하며, 백화고와 흑화고가 있다. 생으로 먹거나 건조된 것을 이용하는데 건표고는 건조되는 과정 중에 구아닐산guanylic acid과 렌티오닌lentionin을 생성하여 감칠맛과 표고버섯의 독특한 향을 증가시켜 국물 맛을 낼 때 사용한다. 생표고버섯은 구이, 볶음, 찌개, 나물, 전, 튀김, 찜 등으로 사용한다.

(2) 느타리버섯

느타리버섯agaric mushroom은 주로 오리나무와 참나무 등의 뿌리에서 자란다. 맛이 부드럽고 향이 약하다. 백색의 부드러운 육질이 특징이고 주로 데친 후 물기를 제거하고 갓 쪽에서 기둥 쪽으로 길게 찢어서 사용하며, 국, 전골, 찌개, 잡채, 나물, 볶음 등에 많이 이용한다.

(3) 송이버섯

송이버섯pine mushroom은 소나무에서 자라는 버섯으로 향이 진하고 색깔이 선명하며, 자루가 굵고 짧으면서 살이 두껍고 탄력성이 큰 것이 좋다. 특유의 향은 마츠타케올matsutakeol에 의한 것으로 향을 살리기 위해서 양념을 적게 하고 살짝 가열하여 먹는 것이 좋다. 주로 구이, 산적, 탕 및 덮밥에 이용한다.

(4) 새송이버섯

새송이버섯king oyster mushroom은 송이버섯의 대용품으로 개발된 것이다. 송이버섯보다 기둥이 두껍고 갓이 작으며, 대는 흰색이고, 갓은 연한 회색을 띤다. 육질이 치밀하고 씹는 맛은 송이와 비슷하나, 맛과 향은 송이버섯보다 떨어진다. 단단하고 갓의 밑부분이 노랗게 변색되지 않은 것이 좋으며 전골, 찌개, 구이, 전 등에 사용한다.

(5) 양송이버섯

양송이버섯button mushroom은 송이버섯에 비해 자루가 짧으면서 갓이 부드럽고 백색 또는 크림색으로 생양송이버섯과 통조림 양송이버섯이 주로 사용된다. 샐러드, 수프, 구이, 볶음 등의 각종 음식에 사용한다.

(6) 팽이버섯

팽이버섯winter mushroom은 갓이 흰색이고 중심부는 담갈색을 띤다. 소화율이 높으며 물에 살짝 씻어 날것으로 사용하거나 밑동을 자르고, 찌개, 전골, 샐러드 등에 사용한다.

(7) 석이버섯

석이버섯stone mushroom은 바위에서 자라는 검은색의 버섯으로 담백한 맛과 씹히는 맛이 특징적이다. 말린 석이버섯의 이끼를 제거하기 위해서는 미지근한 물에 불린 후 양손으로 비벼서 안쪽의 이끼를 제거하고 헹구어 주로 돌돌 말아 채를 썰어 국수나 보쌈김치, 떡 등의 고명으로 사용한다.

(8) 목이버섯

목이버섯Juda's ear mushroom은 나무에서 자란다. 사람의 귀 모양 같이 생겼다고 하여 목이버섯이라고 하며, 부드럽고 탄력적인 흑갈색의 버섯이다. 목이버섯은 특유의 향과 맛이 있으며, 특히 씹는 촉감이 부드럽다. 식이섬유함량이 다른 버섯에 비해 많고 수프, 볶음, 탕수육 및 잡채 등에 사용한다.

(9) 서양송로버섯

서양송로버섯truffle은 세계 3대 진미 중 하나로 불린다. 도토리에서 감자 크기 정도의 돌멩이처럼 생겼고, 땅 속에서 자라므로 훈련된 개나 돼지의 후각을 이용해 채취하며 인공재배가 어렵다. 향을 살리기 위해 강한 열조리를 하지 않는다. 고급요리에 사용되는 서양송로버섯에는 프랑스의 흑송로black truffle와 이탈리아의 백송로white truffle가 있다. 흑송로는 전채요리나 샐러드에 사용하고, 백송로는 파스타나 치즈요리에 갈아서 뿌려 사용한다.

흑송로

2) 해조류의 분류

해조류는 해수면으로부터 바다 깊은 곳까지 서식하는 위치에 따라 분류하며, 그림 8-1과 같이 녹조류, 갈조류 및 홍조류로 분류한다.

그림 8-1 해조류의 분류

(1) 녹조류

녹조류green algae는 해수면의 가장 가까운 곳에 서식하는 조류이다.

① 파래

파래green laver는 담수가 섞인 연안에 군락을 이루면서 늦가을부터 초여름까지 번식하고 신선한 것은 진한 초록색을 띤다. 주로 말려서 먹거나 생채, 무침 등으로 이용한다.

② 클로렐라

클로렐라chlorella는 '작다'라는 뜻의 라틴어로, 다량의 단백질과 탄수화물을 함유하고 있다. 주로 건강기능식품으로 이용한다.

③ 청각

청각sea staghorn은 바다의 얕은 곳에서 돌, 바위, 조개 껍질 등에 붙어서 사슴뿔 모양으로 자란다. 김치, 물김치 및 냉국에 넣어 시원하게 먹거나 샐러드로 이용한다.

④ 매생이

매생이seaweed fulvescens는 파래와 유사하며 가늘고 부드럽다. 청정지역에서만 서식하고, 주로 겨울철에 채취하며 국물요리에 넣어 먹는다.

(2) 갈조류

갈조류brown algae에는 미역, 다시마, 톳 등이 있다.

① 미역

미역sea mustard은 만니톨mannitol, 라미나린laminarin 등의 탄수화물과 요오드, 칼슘, 철 등의 무기질을 다량 함유하고 있다. 주로 말려서 국의 재료로 이용하고 생미역은 무침이나 쌈 등으로 이용한다.

② 다시마

다시마sea tangle는 대부분 말려서 이용하는데, 감칠맛의 주성분인 글루탐산glutamic acid, 만니톨, 호박산succinic acid 등을 함유하고 있어 육수 등을 낼 때 사용한다. 그 외에도 데친 후 쌈이나 튀각, 부각, 조림 및 차 등에 이용한다.

③ 톳

톳seaweed fusiforme은 칼슘, 철, 요오드 등의 무기질을 다량 함유하고 있으며, 봄에서 초여름에 가장 연하고 맛이 좋다. 날로 먹으면 비린 맛이 있으므로 데친 후 나물로 볶아서 먹거나 무침, 냉국 및 샐러드 등으로 이용한다.

(3) 홍조류

해조류 중 김과 우뭇가사리는 홍조류red algae에 속한다.

① 김

김laver은 탄수화물, 단백질, 무기질, 비타민이 풍부하며 대표적인 알칼리 식품으로 겨울에 가장 맛있다. 검고 윤이 나는 것이 좋으며, 종류로는 돌김, 재래김, 파래김 등이 있다. 돌김은 두껍고 거친 느낌이 있고, 재래김은 크기가 약간 크고 구멍이 많으며, 파래김은 얇고 연녹색을 띤다. 김은 구이, 부각, 고명 등으로 이용한다.

② 우뭇가사리

우뭇가사리agar-agar는 겔 형성능이 뛰어나며, 한천agar의 소재가 되므로 다양한 식품에 이용한다. 한천은 우뭇가사리에 물을 넣고 푹 삶았을 때 추출되는 다당류로 저열량 다이어트 식품 등으로 이용한다.

2. 버섯류 및 해조류의 성분

1) 버섯류의 성분

버섯은 수분함량이 약 90%로 채소류와 비슷하며, 칼로리가 거의 없는 식품이다. 핵산nucleic acid 성분을 함유하고 있어 특유의 감칠맛이 있다.

(1) 탄수화물

버섯에는 3~8%의 당질을 포함하고 있고 덱스트린dextrin과 소량의 글리코겐glycogen을 함유하고 있으나 전분은 거의 없으며 약 1% 내외의 식이섬유가 존재한다. 말린 버섯에는 만니톨이 약 12%를 차지하며, 포도당과 α-포도당의 두 분자가 연결된 트레할로오스trehalose(이당류) 등에 의해 단맛을 낸다.

(2) 단백질

버섯은 2~3%의 단백질을 함유하고 있으나, 반 정도가 비단백태non-protein로 존재한다. 감칠맛의 주된 성분으로는 유리아미노산인 글루탐산이고, 그 외 아스파르트산aspartic acid, 트레오닌threonine, 세린serine 등이 있다.

(3) 지질

버섯은 0.2~0.3%의 소량의 지질을 함유하고 있으며 유리지방산과 에르고스테롤ergo-sterol 등의 각종 스테롤 및 고급 포화알코올 등이 함유되어 있다.

(4) 비타민

버섯은 비타민 D_2의 전구체인 에르고스테롤과 비타민 B군의 좋은 급원이나, 비타민 A와 C는 거의 없다.

(5) 무기질

대부분의 버섯은 칼륨과 인의 함량이 많다.

(6) 향미 성분

버섯의 종류에 따라 특유의 향이 존재한다. 송이버섯에는 메틸 시나메이트methyl cinnamate와 마츠타케올이 있으며, 렌티오닌은 표고버섯에 존재한다.

(7) 기타 성분

표고버섯의 구아닐산은 가열에 의해 생성되고, 미가열 시에는 소량 존재한다. 그 외 알코올, 만니톨 등의 당알코올과 호박산, 사과산malic acid 등의 유기산 및 당류가 맛에 관여한다. 또한 베타글루칸β-glucan의 일종인 렌티난lentinan과 에리타데닌eritadenine이 있는데, 레티난은 면역기능 강화와 에이즈 바이러스(HIV)의 증식 억제 작용에 효과가 있고, 에리타데닌은 혈중 콜레스테롤 저하 기능이 있는 것으로 알려져 있다.

2) 해조류의 성분

대부분 해조류는 난소화성 점질 다당류를 포함하고 있다. 비타민과 무기질의 급원이고 독특한 향과 맛이 있다.

(1) 탄수화물

해조류는 25~60%의 탄수화물을 함유한다. 단맛은 당알코올인 만니톨과 소르비톨sorbitol 등에 의한 것으로, 만니톨은 설탕의 60%의 단맛을 내며, 다시마 표면의 흰가루에 포함되어 있다.

대부분 난소화성 식이섬유소를 포함하고 있으며, 녹조류는 헤미셀룰로오스hemicellulose가 풍부하고, 갈조류는 알긴산alginic acid, 푸코이딘fucoidin, 라미나린이 풍부하며, 홍조류는 한천과 만난mannan이 풍부하다.

알긴산은 고점도의 다당류물질로 나트륨과 결합된 알긴산나트륨sodium alginate의 형태로 존재한다. 다량의 알긴산은 포만감을 주고, 배변을 원활하게 하여 변비를 예방한다.

(2) 단백질

해조류는 트립토판tryptophan, 트레오닌, 페닐알라닌phenylalanine 등의 필수아미노산과 유리아미노산을 다량 함유하고 있으나, 메티오닌methionine, 이소루신isoleucine, 라이신lysine의 필수아미노산은 부족하다. 말린 해조류에는 약 10~30%의 단백질이 존재하며 건조된 클로렐라는 52.2%의 단백질을 포함한다.

(3) 지질

해조류의 지질은 2% 미만이다. 그러나 건조 클로렐라는 6.6%의 지질을 함유하고 있으며 필수지방산이 균형 있게 존재한다.

(4) 비타민

해조류는 비타민 B군(B_1, B_2, B_{12})과 나이아신niacin이 풍부하고, 비타민 A의 좋은 급원인

베타카로틴β-carotene의 함량이 많다. 또한 파래에는 위궤양ulcer 치유의 효과가 있는 비타민 U가 존재한다.

(5) 무기질

해조류에는 요오드가 많고 그 외에 나트륨, 칼슘, 인, 철 등을 풍부하게 함유되어 있다. 건조 클로렐라에는 주로 마그네슘, 황, 칼륨, 나트륨 및 망간 등의 무기질이 존재하고 톳은 다량의 칼슘, 칼륨, 인, 철 등의 무기질이 포함되어 있다. 미역은 요오드, 칼슘, 철을 다량 함유하고 있어 임산부의 산후조리에 도움을 준다. 미역국을 끓일 때 파의 인과 황 성분이 미역의 칼슘과 결합하여 흡수를 방해하기 때문에 파를 넣지 않는다.

(6) 색소 성분

녹조류는 클로로필chlorophyll을 함유하고 있어 녹색을 띠고, 갈조류는 카로티노이드carotinoid인 베타카로틴과 푸코잔틴fucoxanthin 등의 색소에 의해 갈색을 띤다. 홍조류는 피코에리트린phycoerythrin, 피코시안phycocyan, 클로로필, 카로티노이드 등의 색소를 함유하며, 적색을 띤다.

부엌 둘러보기

김을 구우면 왜 청록색으로 변할까?

김에는 적색의 피코에리트린, 녹색의 클로로필, 노란색의 카로티노이드 등이 함유되어 있어 흑적색을 띤다. 불에 구우면 피코에리트린이 탈수소화되어 청색의 피코시아닌(phycocyanin)으로 변하게 되어 청록색을 띠게 되는 것이다. 그러나 오래된 김은 광선과 공기에 의해 피코에리트린이 파괴되므로 구워도 청록색을 띠지 않는다.

(7) 향미 성분

해조류 특유의 냄새의 원인물질은 테르펜terpene계와 함황계 화합물이다. 홍조류인 김의 냄새는 디메틸 설파이드dimethyl sulfide에 의한 것이며, 구수한 맛은 글리신glycine, 알라닌alanine 등의 유리아미노산에 의한 것이다.

3. 버섯류 및 해조류의 조리에 의한 변화

1) 버섯류의 가열에 의한 변화

버섯은 맛뿐만 아니라 향과 질감이 좋아 조리할 때 그 특징을 잘 살리기 위해 간이나 향을 강하게 하지 않는다. 버섯의 향을 그대로 살리기 위해 살짝 씻어 양념을 하지 않고 굽거나 끓이는 것이 가장 좋다.

2) 해조류의 가열에 의한 변화

검은색의 생미역은 85℃ 이상의 뜨거운 물에 데치면 녹색으로 변하는데, 이것은 미역 속의 클로로필과 결합된 지단백질이 변성하여 클로로필의 녹색이 표면으로 나오기 때문이다.

3) 한천의 겔 형성

한천은 우뭇가사리의 세포벽에서 열수 추출한 복합다당류로 주로 아가로오스agarose와 아가로펙틴agaropectin으로 구성되어 있다. 한천은 물과 함께 가열하면 졸 상태의 콜로이드가 되고, 이를 냉각시키면 3차원 망상구조가 되어 겔gel을 형성한다. 이와 같은 한천의 특성으로 젤리, 양갱 등의 겔화제로 사용되거나 아이스크림, 샐러드 드레싱 등의 안정제와 증점제로 이용되며, 환자식이나 노인영양식에도 이용한다.

한천의 겔 형성은 응고 온도, 한천의 농도 및 첨가물 등에 의해 영향을 받는다.

(1) 응고 온도

응고되는 온도가 높으면 투명한 겔이 형성된다.

(2) 한천 농도

한천의 농도가 높으면 고온에서 빨리 응고되나, 한천을 용해시킬 때 2% 이상이 되면 용해되기 어렵다.

(3) 첨가물

설탕의 양이 많을수록 겔화되는 온도가 높고 겔 강도가 높아지며 점성, 탄성 및 투명도가 증가한다. 그러나 설탕을 75% 이상 첨가할 경우 겔의 망상구조 형성이 어려워 강도가 저하된다. 한천이 녹기 전에 설탕을 넣으면 설탕이 물을 흡수하여 한천이 잘 녹지 않으므로 한천이 다 녹은 뒤에 설탕을 넣어야 한다.

3~5%의 소금은 겔의 강도를 증가시킨다.

소량의 우유는 한천의 겔 형성에 영향을 주지 않으나, 다량의 우유는 겔화를 방해한다. 즉, 우유의 지방과 단백질이 겔화를 방해하므로 우유를 넣은 젤리, 푸딩 등을 만들 때는 우유의 양이 많을수록 한천의 양을 늘려야 한다.

또한 과즙의 유기산은 한천분자를 가수분해시켜 겔의 강도를 약하게 하므로 한천액을 가열하여 완전히 용해시키고 60~80℃ 정도로 식힌 후 과즙을 넣는다.

4. 버섯류 및 해조류의 조리 및 이용

1) 버섯류의 조리 및 이용

버섯은 일반적으로 생버섯을 사용하거나 마른버섯을 미지근한 물에 불린 후 물기를 꼭 짜서 사용한다. 전골에는 주로 표고버섯, 느타리버섯, 팽이버섯, 양송이버섯 등을 사용한다. 또한 버섯은 너무 오래 가열하면 질겨지므로 조리할 때 마지막에 넣어 버섯의 부드러운 육질과 독특한 향을 살리도록 한다.

버섯을 튀길 때는 버섯의 수분을 제거하고 밑간을 한 후 튀김 반죽을 묻혀 튀긴다. 이때 달걀흰자와 전분을 넣은 반죽을 이용하면 바삭한 튀김을 만들 수 있으며, 찹쌀가루를 이용하기도 한다.

2) 해조류의 조리 및 이용

해조류는 생으로 섭취하기도 하나 대부분 건조 상태로 만들어 저장한 후 섭취한다. 염장된 것은 물에 씻어 충분히 염분을 제거한 후 사용한다.

건미역과 매생이는 일반적으로 국을 끓여 먹고, 청각은 젓갈이나 생선의 비린내, 마늘 냄새를 중화시키고 뒷맛을 개운하게 하기 때문에 김치에 넣어 먹는다.

다시마는 일반적으로 육수를 내는 데 사용되는데, 다시마를 찬물에 10분 정도 담가 두었다가 처음부터 다시마를 넣고 끓기 시작하면 건져 낸다.

CHAPTER

9

유지류

1. 유지류의 분류 2. 유지류의 성분 3. 유지의 조리적 특성
4. 유지의 산패에 의한 변화 5. 유지의 조리 및 이용

9

유지는 융점에 따라 고체인 지방(fat)과 액체인 기름(oil)으로 나뉜다. 농축된 에너지원으로 지용성 비타민의 이용률을 높이고, 피막제 역할을 하며, 식품에 독특한 향미와 텍스처를 부여한다.

1. 유지류의 분류

천연에 존재하는 유지는 그 원료의 종류에 따라 식물성과 동물성으로 나눌 수 있다.

1) 식물성 유지

식물성유는 주로 불포화도가 높은 지방산으로 구성된다. 식물 중에 지방함량이 많은 조직체에 압력을 가하여 기름을 짜 낸 것을 정제하여 식용으로 사용한다. 원료로는 주로

여기서 잠깐!

유지의 산화도 측정가

(1) 요오드가(iodine value, IV)

유지 100g에 흡수되는 요오드의 g 수로서 유지의 불포화도를 나타내는 지표이다. 지방산 중에 이중결합이 많을수록 요오드가는 높아지므로 불포화지방산을 많이 함유한 유지의 요오드가가 높고, 일반적으로 고체유는 요오드가가 낮다. 기름을 오랜 시간 공기 중에 방치하면 이중결합에 산소가 결합하여 요오드가는 감소한다.

요오드가에 따른 구분

구분	요오드가	특징	종류
건성유	130 이상	공기 중에 쉽게 굳어짐	들기름, 겨자유 등
반건성유	100~130	건성유과 불건성유의 중간적 성질	콩기름, 면실유, 참기름, 옥수수유, 해바라기유 등
불건성유	100 이하	공기 중에 두어도 굳어지지 않음	올리브유, 피마자유, 낙화생유 등

(2) 산가(acid value, AV)

유지 1g 중에 함유된 유리지방산을 중화하는 데 필요한 수산화칼륨(KOH)의 mg 수로 나타낸다. 유지의 정제가 불충분하거나 조리에 사용된 횟수가 많은 경우, 혹은 개봉한 지 오래된 기름의 경우에는 산가가 높아진다. 정제 식용유는 산가가 대체로 1.0 이하이며, 이보다 높은 것은 변질되었거나 정제 정도가 낮은 것을 말한다.

(3) 과산화물가(peroxide value, POV)

유지는 산화되면서 이중결합에 산소가 결합하여 과산화물(peroxide)을 생성한다. 과산화물가는 유지 1kg에 생성된 과산화물의 mg당 양으로 표시하며, 10 이하이면 신선한 기름이라고 할 수 있다.

(4) TBA가(thiobarbituric acid value)

티오바르비트르산(thiobarbituric acid)을 이용하여 유지의 산화 정도를 측정하는 것으로, 유지가 산화되어 생성하는 알데하이드(aldehyde) 등이 TBA시약과 반응하여 적색을 나타내는 반응을 말한다. 가열시간이 길수록, 공기에 대한 유지의 노출 면적이 넓을수록 TBA가는 높아진다.

대두, 면실, 참깨, 들깨, 낙화생, 옥수수, 해바라기, 올리브, 야자 등을 사용하며, 요오드가에 따라 건성유, 반건성유, 불건성유로 나눌 수 있다.

(1) 대두유

대두유soybean oil는 반건성유로, 발연점(183~210℃)이 높으며 정제 정도에 따라 튀김용이나 샐러드용으로 이용된다. 대두유의 주요 지방산은 리놀레산linoleic acid과 올레산oleic acid으로 각각 52%, 33% 정도 함유되어 있다. 다른 식물성유에 비해 리놀렌산linolenic acid의 함량이 높아 자동산화에 의한 산패가 빠르게 일어난다.

(2) 옥수수유

옥수수유corn germ oil는 전분을 추출하고 난 배아를 분리한 후 압착하여 채유한 것으로 정제하고 동유처리winterization하여 왁스 성분을 제거한다. 옥수수유는 산화와 가열에 대하여 안정성이 뛰어나다. 부침용, 튀김용 등으로 많이 이용되며 마가린, 쇼트닝의 원료로 사용되고 있다.

여기서 잠깐!

동유처리란?

액체 유지를 6~7℃의 낮은 온도에서 냉각시켜서 고체화된 트리글리세리드를 여과하여 제거하는 방법을 말한다. 동유처리한 기름은 융점이 낮아서 냉장온도에서도 결정화되지 않으므로 탁해지지 않고 맑은 액체 상태로 존재하여 샐러드드레싱에 사용된다.

(3) 미강유

미강유rice bran oil는 도정 중에 생산되는 부산물인 미강, 즉 쌀겨rice bran에서 짜낸 기름으로, 미강 자체에 내포된 효소에 의한 변패가 쉽고 다른 식물성유에 비하여 불순물과 유리지방산이 많아 산가가 높고 색이 짙다. 정제하여 튀김용으로 이용되고, 마가린, 쇼트닝, 마요네즈 등의 원료로 사용되고 있다.

(4) 카놀라유

카놀라유canola oil는 에루스산erucic acid을 20~25% 함유하고 있는 유채유의 품종을 개량하여 2% 이하로 낮춘 반건성유이다. 개량종의 카놀라유는 불포화지방산의 함량이 90% 이상으로 많으며, 발연점이 높아 주로 튀김용으로 이용된다. 또한 마가린, 쇼트닝, 샐러드드레싱 제조에 이용되고 있다.

(5) 포도씨유

포도씨유grape seed oil는 포도씨를 압착하여 얻은 기름으로 주성분은 리놀렌산이며 항산화 기능을 가진 토코페롤tocopherol함량이 높다. 발연점이 높아 고온에서 조리하는 튀김, 구이, 볶음요리에 적합하며, 기름 특유의 냄새가 없어 맛이 담백하여 샐러드드레싱, 무침요리에 많이 사용된다.

(6) 참기름

참깨는 단백질, 탄수화물, 비타민 A·B_1·B_2·C 등이 풍부하다. 참깨를 볶아 압력을 가해 짠 참기름sesame oil은 올레산과 리놀레산이 많이 함유되어 있어 불포화도가 높은 편이다. 그러나 참기름에 함유된 토코페롤과 세사몰sesamol이 산화방지 역할을 하기 때문에 저장성이 좋은 반건성유이다. 특유의 향미를 유지하기 위해 정제과정을 거치지 않고 여과만 하여 이용된다. 각종 나물, 무침요리 등에 많이 사용되나 발연점이 낮아 튀김용으로는 부적당하다.

(7) 면실유

면실유cotton seed oil는 목화씨에서 짜 낸 기름으로 주요 지방산인 리놀렌산을 부분 경화하여 양을 감소시켜 산화 안정성을 높인다. 목화는 천연 산화방지제이지만, 생장저해물질인 고시폴gosssypol을 함유하고 있어 정제과정에서 반드시 독성을 제거하여야 한다. 이취가 적어 튀김용으로 많이 사용하며, 주로 쇼트닝, 마가린 제조에 이용된다. 동유처리과정을 거친 후 샐러드유로도 많이 이용되고 있다.

(8) 팜유

야자열매의 씨에서 얻는 기름을 팜핵유palm kernel oil, 과육에서 얻는 기름을 팜유palm oil라고 한다. 식물성 유지이지만 포화지방산함량이 높아 산화 안정성이 우수하며, 상온에서는 반고체 상태이나 입 속의 온도에서 녹는다. 맛이 담백하고 가격이 저렴하여 마가린, 제과 외에 라면튀김유 등으로 사용되고 있다.

(9) 올리브유

주로 지중해 연안에서 생산되는 올리브로 만든 올리브유olive oil는 특유의 맛과 향을 가지고 있으며, 올레산을 80% 이상 함유하고 있다. 올리브유는 산가acid value나 정제한 정도에 따라 구분하는데 산가가 낮을수록, 정제하지 않을수록 등급이 좋으며, 추출방법에 따라 다양한 등급으로 생산되므로 용도에 맞게 선택이 가능하다. 정제하지 않은 올리브유는 발연점이 낮아 튀김용으로는 적당하지 않다.

여기서 잠깐!

올리브유의 종류

- 엑스트라 버진 오일(extra virgin oil) : 올리브 열매에서 열을 가하지 않고 가볍게 압착하여 처음 짜 내는 최상 등급의 올리브유. 산가 1% 미만으로 향과 색이 좋으나 비싸다. 정제하지 않아 발연점이 낮아 튀김기름으로는 적당하지 않다. 샐러드드레싱이나 빵을 찍어 먹는 등 열을 가하지 않는 요리에 주로 사용한다.
- 파인 버진(fine virgin) : 산가 2% 미만으로 엑스트라 버진을 짜고 남은 올리브를 한 번 더 추출한 기름이다.
- 레귤러 버진(regular virgin): 산가 3.3% 이하의 기름으로 일반요리에 사용한다.
- 퓨어(pure) : 압착법에 의한 버진 올리브유와 정제법에 의한 올리브유를 혼합한 기름으로 값이 저렴하고 향이 비교적 약하다.

(10) 낙화생유

낙화생유peanut oil는 껍질을 깐 땅콩을 압착하여 얻은 기름으로, 정제하지 않으면 함유된 단백성 물질 때문에 튀김용으로 부적당하나 정제 처리하면 튀김용, 샐러드용으로 이용할 수 있다.

2) 동물성 유지

(1) 우지

우지beef tallow는 소의 지방조직으로부터 얻는 연한 황색을 띠는 고체지방으로, 올레산, 팔미트산palmitic acid, 스테아르산stearic acid 등의 지방산함량이 높아 융점melting point이 45~55℃로 높다.

여기서 잠깐!

융점이란?

고체지방이 액체지방으로 되는 온도를 융점이라고 하며, 구성지방산의 종류에 따라 융점이 달라진다. 포화지방산의 탄소수가 증가함에 따라 융점이 높아지고, 불포화지방산의 이중결합의 수가 증가할수록 융점이 낮아진다. 그러나 이중결합의 수가 같아도 이중결합의 형태가 트랜스형으로 존재하면 융점이 더 높다.

(2) 라드

라드lard는 돼지의 복부, 콩팥 및 기타 다른 지방조직을 정제한 지방으로 돼지의 복부에서 얻어진 기름이 가장 좋으며, 질 좋은 라드는 색이 희고 냄새가 나지 않는다. 라드의 융점은 30~50℃로 입안에서의 촉감은 좋으나, 산패되기 쉬워 가공과정 중에 항산화제를 첨가하여 저장성을 증가시킨다. 라드는 다른 유지에 비해 쇼트닝 파워shortening power가 뛰어난 반면, 크리밍하는 힘이 약하므로 버터나 마가린 등 다른 유지류와 함께 사용하여 제과용으로 많이 이용하고 있다. 발연점이 낮은 편으로 튀김요리에 적당하지 않다.

여기서 잠깐!

유지의 산패를 늦추는 항산화제는?

유지의 산패가 진행되는 것을 늦추기 위해 유지에 항산화제를 사용할 수 있다. 식물성 기름의 토코페롤, 참기름의 세사몰, 면실의 고시폴 등은 천연 항산화제이고, BHT(butylated hydroxytoluene), PG(propyl gallate), BHA(butylated hydroxy anisol), EP(ethyl protocatechuate) 등은 합성 항산화제이다. 또한 구연산, 비타민 C, 인산 등의 물질을 첨가하면 항산화 효과는 증대되는데 이러한 물질을 상승제(synergist)라고 한다.

(3) 어유

어유fish oil는 물고기에서 얻어지는 기름으로 동물성 유지이지만 대부분 에이코사펜타

엔산eicosapentaenoic acid; EPA, 도코사헥사엔산docosa hexaenoic acid; DHA과 같은 고도 불포화지방산이 다량 함유되어 있어 상온에서 액체 상태이다. 자동산화가 잘 일어나기 때문에 직접 식용유지로는 사용되지 못하고, 수소H_2를 첨가한 후 경화유로 만들어 사용한다.

여기서 잠깐!

경화(수소화, hydrogenation)란?

액체상태의 식물성 기름에 니켈(Ni)을 촉매로 하여 수소가스를 첨가하면 불포화지방산의 이중결합에 수소가 결합하여 포화도가 증가되고 융점이 높은 고형지방을 얻을 수 있는 현상을 말한다.

3) 가공유지

(1) 버터

버터butter는 우유에서 크림을 분리하여 저온처리한 후 교반하여 만든 유제품이다. 크림을 교반해 버터를 만들고 남은 것을 버터밀크라고 한다. 가소성, 쇼트닝성, 크리밍성을 가지고 있고, 특유의 풍미가 있어 제과, 제빵에서 중요한 역할을 한다.

(2) 마가린

마가린margarine은 식물성 유지를 주재료로 하여 탈취, 정제 후 적당한 경도를 갖도록 수소화시켜 제조하여 버터 대용으로 사용한다. 가소성과 저장성이 좋고, 융점 및 영양가 등이 버터와 거의 유사하면서 콜레스테롤함량이 적고 가격도 저렴하다. 또한 물성을 쉽게 조작할 수 있으므로 제과용, 일반 조리용 등 다양하게 이용된다.

(3) 쇼트닝

쇼트닝shortening은 라드의 대용품으로 대두유 등의 정제유에 니켈을 촉매로 수소를 첨가하여 경화시켜 가소성의 영역을 넓힌 것이다. 원료유지는 정제한 야자유, 라드, 우지 혹은 대두유 및 면실유, 어유, 고래유 또는 이들의 혼합물을 사용한다. 쇼트닝은 거의 100% 유지로 구성되어 있으며 무미, 무취, 무색이고, 쇼트닝성과 크리밍성이 좋아 비스킷, 쿠키, 빵, 케이크 등 제과제빵에 보편적으로 이용된다. 또한 순수한 식물성유에 수소를 첨가한 것은 발연점이 높아 튀김용으로도 사용된다.

2. 유지류의 성분

1) 식물성 유지

대부분의 식물성 유지는 주로 올레산과 리놀레산의 함량이 많고, 포화지방산은 20% 이하로 함유되어 있다. 그러나 콩기름, 들기름 등은 리놀렌산을 많이 함유하고 있다. 팜유의 경우 라우르산lauric acid을 40~50% 정도 함유하고 있으며, 불포화지방산의 함량은 낮다.

2) 동물성 유지

소, 돼지 등 가축의 내장지방으로부터 얻는 동물성 유지는 팔미트산, 스테아르산 등 포화지방산을 다량 함유하고 있다. 불포화지방산으로는 올레산과 리놀레산이 많은 편이다.

어유는 이중결합이 1개인 모노엔산monoenic acid과 이중결합이 4개인 아라키돈산arachidonic acid, 5개인 에이코사펜타에노산 및 6개의 도코헥사엔산 등의 고도 불포화지방산을 많이 함유하고 있다. 그러나 매우 불안정하고, 어유의 냄새 때문에 수소를 첨가하여 경화유 형태로 사용한다.

3) 가공유지

마가린의 경우 제조 배합에 따라 성분이 달라지나 유지성분이 80% 이상, 수분함량이 17% 이하이며, 마요네즈는 수분 12~16%, 조단백질 2~3%, 조지방 70~80%, 회분 1~2% 정도 함유되어 있다.

3. 유지의 조리적 특성

1) 쇼트닝성

밀가루 반죽에 유지를 첨가하면 지방이 글루텐 표면을 둘러싸 글루텐망이 형성되는 것을 방해하여 반죽이 연하고 부드럽게 된다. 글루텐 사이에 유지류가 들어가 글루텐의 길이를 짧게 해준다는 의미로 쇼트닝 파워라고도 한다. 유지를 많이 넣고 반죽한 페이스트리, 파이, 크래커 등이 바삭바삭하고 층이 생기는 것은 유지가 밀가루 반죽에 작용하여 글루텐을 연화시켰기 때문이며, 쇼트닝성shortening property에는 다음의 여러 가지 요인이 영향을 미친다.

(1) 유지의 종류

불포화지방산은 같은 길이의 포화지방산보다 더 넓은 표면적을 덮을 수 있다. 지방분자가 둘러싸는 표면적의 크기는 지방산의 불포화 정도에 따라 결정된다. 불포화결합 부분은 포화결합보다 전자가 밀접해 있으므로 극성이 더 크기 때문에 극성이 큰 물이나 단백질의 표면에 접촉하려는 성질이 강해진다. 따라서 불포화지방산은 탄소 사이에 있는 이중결합이 물과 접촉되어 포화지방산보다 넓게 퍼질 수 있다.

(2) 유지의 양

같은 조건에서 유지의 양이 증가하면 쇼트닝성도 증가한다. 따라서 쇼트닝성이 큰 유지를 소량 첨가하는 것보다 쇼트닝성이 다소 낮아도 다량 첨가하는 것이 쇼트닝성이 더 크게 나타난다고 할 수 있다. 즉, 파이 반죽에 유지가 많으면 연하고 층이 많이 생긴다. 그러나 너무 많은 양의 지방을 첨가하면 오히려 제품의 모양을 유지하지 못할 수 있으므로 주의해야 한다.

(3) 유지의 온도

밀가루 반죽 내에서 낮은 온도의 유지는 유연성이 적어져 유지가 넓게 퍼지지 못하고 뭉치기 때문에 쇼트닝성이 작아지고, 온도가 적당히 올라가면 더 넓게 퍼지기 때문에 퍼짐성이 좋아져 쇼트닝성이 커진다.

(4) 유화제 첨가

밀가루 반죽에 난황 등 유화제를 많이 첨가하면 지방을 유화시켜 반죽이 묽어지고 쇼트닝성이 감소한다.

2) 크리밍성

유지를 교반하여 공기가 들어가는 것을 크리밍성이라고 하며, 기포의 형성능력과 안정한 정도가 크리밍성을 결정한다. 크리밍가는 100g의 유지를 거품낼 때 혼입되는 공기의 mL 수이며, 쇼트닝의 크리밍성이 가장 높고, 마가린, 버터 순으로 낮아진다. 또한 크리밍가는 유지의 온도에 따라 변하는데, 대체로 쇼트닝은 25℃, 버터는 20℃에서 가장 좋은 크리밍가가 나타난다.

3) 가소성

가소성plasticity이란 물체가 외부에서 힘을 받아 형태가 바뀐 뒤 그 힘을 제거해도 원래의 상태로 돌아가지 않는 성질을 말하며, 이는 지방의 퍼짐성에 관여한다. 가소성은 지방산의 조성과 온도에 영향을 받는데, 불포화지방산이 많이 함유된 유지의 경우 이중결합에 의해 탄소 사슬이 구부러지면서 표면적을 넓게 덮을 수 있어 가소성이 크다. 일정 온도 범위에서 가소성을 나타내는 유지식품으로는 버터, 라드, 마가린, 쇼트닝 등이 있으며, 가소성이 클수록 쇼트닝성이 크다. 가소성을 나타내는 온도범위는 쇠기름 30~40℃, 라드 10~25℃, 버터 13~18℃로 온도범위가 넓을수록 모양을 자유롭게 변화시키기 쉽다. 라드가 가장 가소성이 크고, 쇼트닝, 버터, 마가린 순으로 감소한다.

4) 유화성

유화란 서로 섞이지 않는 두 종류의 액체가 혼합된 상태를 말한다. 지방은 물에 녹지 않아 쉽게 분리되는데, 이때 분자 내에 친수기와 친유기를 가지고 있는 유화제를 사용하면 물과 지방이 섞이게 된다. 이러한 현상을 유화emulsion라고 한다. 난황에 많이 함유되어 있는 레시틴이 천연 유화제의 대표적인 물질이며, 우유의 유청 단백질, 젤라틴, 전분 등도 유화력을 가지고 있다.

4. 유지의 산패에 의한 변화

유지는 여러 가지 원인에 의해 산패가 일어나며, 색이나 맛, 냄새, 영양가 등 품질이 떨어진다.

1) 가수분해에 의한 산패

유지는 수분, 산, 알칼리, 지방분해효소 등에 의하여 가수분해되어 유리지방산과 글리세롤을 형성하는데, 이러한 현상을 가수분해에 의한 산패라고 한다. 가수분해는 비산화적 산패로 열에 의해 촉진되는데, 뜨거운 기름에 수분이 많은 식품을 넣어 튀길 경우 기름의 가수분해가 촉진된다.

2) 자동산화에 의한 산패

자동산화에 의한 산패는 유지 중의 불포화지방산이 산화됨으로써 불쾌한 냄새와 맛을 형성하는 것을 말한다. 유지가 자연적으로 공기 중의 산소를 흡수하고, 흡수된 산소는 유지를 산화시켜 산화물질을 생성하는 것을 자동산화autoxidation라고 한다. 과산화물은 쉽게 분해되어 알데하이드, 케톤, 알코올 등을 생성하여 좋지 않은 냄새를 내게 되고, 서로 중합하여 생긴 생성물이 증가하여 유지의 점도를 증가시킨다.

자외선은 유지의 변패를 촉진시키므로 어두운 곳에 보관하도록 한다.

또한 구리Cu, 철Fe과 같은 금속 등도 자동산화를 촉진시키므로 유지류를 조리할 경우에는 스테인리스 스틸이나 알루미늄 용기를 이용하는 것이 좋다.

3) 가열에 의한 산패

유지를 고온으로 가열하게 되면 산화와 분해반응이 일어난다. 즉, 식용유지를 140~200℃에서 오랜 시간 가열하면 유지의 에스테르 결합이 분해되어 유리지방산이 증가하고, 분해된 유지분자들이 서로 결합하여 중합체 등을 형성함으로써 점도가 증가한다. 산화속도가 자동산화보다 빠르고, 가열에 의해 산패가 일어나면 풍미를 잃고 영양가도 저하되며 독성물질이 생성되는 등 품질저하 현상이 나타난다. 또한 유지를 고온으로 가열하면 연기가 발생하는데, 유지의 가수분해로 생성된 글리세롤이 분자 내 탈수반응에 의해 휘발성이 크고 자극성이 강한 아크롤레인을 생성하며, 자극적인 냄새가 나고 기름색이 진해지며 거품이 일어나게 된다.

4) 산화효소에 의한 산패

동물이나 식물 조직 중에 존재하는 여러 산화효소들에 의해 지방의 산화가 촉진된다. 지방을 산화시키는 효소에는 리폭시다아제lipoxidase, 리포히드로퍼옥시다아제lipo-hydroperoxidase 등이 있으며, 이러한 효소들은 가열에 의하여 최적온도에서 활성화되어 향미에 영향을 미치는 물질을 생성할 수도 있다.

5. 유지의 조리 및 이용

1) 튀김류

(1) 튀김온도

튀김음식은 재료의 종류에 따라 튀기는 온도가 다르다. 표면만 익혀야 하는 음식은 고온에서 단시간 튀겨야 하고, 안까지 충분히 익혀야 하는 음식은 낮은 온도에서 장시간 가열한다. 일반적으로 튀김옷이 팬 밑바닥에 닿았다가 떠오르면 약 150℃ 정도이고, 튀김옷이 기름의 1/3 정도 깊이에 가라앉았다가 올라오면 약 170~180℃이다. 또한 튀김옷을 기름에 넣었을 때 넣자마자 기름의 표면에 분산되면 190~200℃ 정도이다. 튀김기름의 온도가 낮고, 튀김시간이 길어질수록 흡유량이 많아져 바삭함이 떨어지므로 튀기는 동안 같은 온도를 유지하도록 한다. 그림 9-1 은 튀김옷을 이용하여 기름의 온도를 측정하는 방법을 나타낸 것이며, 표 9-1 는 음식에 따른 적절한 튀김온도에 대해 나타낸 것이다.

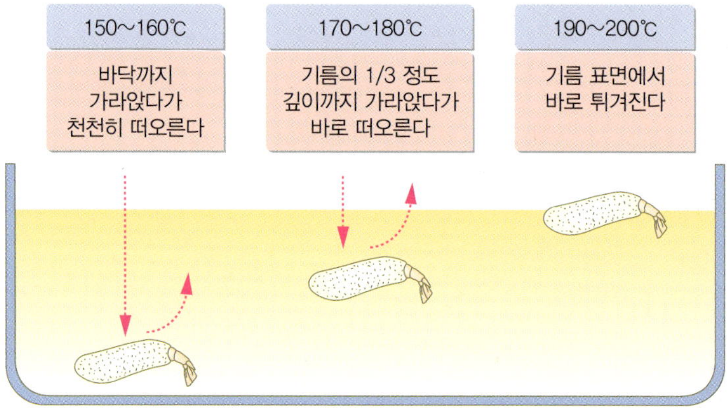

그림 9-1 튀김옷을 이용한 기름의 온도 측정법

표 9-1 음식에 따른 적절한 튀김온도

음식	튀김온도(℃)
약과	140~150
어패류튀김	175~180
감자튀김	185~195
커틀릿, 닭튀김	170~180
크로켓	190~200

(2) 튀김용기

튀김을 할 때 튀김용기가 넓으면 튀김유와 산소와의 접촉이 커져 산화에 의한 지방의 열분해 정도가 증가하게 되고 발연점smoke point이 낮아지게 된다. 또한 얇은 용기에 적은 양의 기름을 넣고 사용하면 온도의 변화가 심해 일정한 온도로 회복하는데 시간이 걸린다. 철, 구리 또는 합금은 기름의 산패를 촉진하고 테플론teflon으로 만든 냄비는 300℃ 이상으로 가열하면 변성될 우려가 있다. 따라서 튀김을 할 때는 알루미늄이나 스테인리스 스틸 등의 금속용기로 직경이 작은 팬을 사용하는 것이 좋으며, 많은 양의 기름을 넣어 온도 변화를 적게 하는 것이 좋다.

여기서 잠깐!

발연점이란?

유지를 가열할 때 유지의 표면에서 엷은 푸른색 연기가 발생하는 온도를 발연점(smoke point)이라고 한다.

(3) 튀김옷

밀가루의 글루텐은 반죽 시 물을 흡수하여 글루텐 망상구조 안에 가두어 튀김 시 물의 증발을 어렵게 하기 때문에 튀김옷이 두껍고 질겨질 수 있다. 따라서 글루텐함량이 적은 박력분을 사용하거나 반죽을 젓가락으로 조금만 저어 글루텐 형성을 최소화하도록 한다. 또한 사용하는 물의 1/4~1/3 정도를 달걀로 대체하면 달걀 단백질이 열에 응고하면서 수분을 방출시켜 튀김옷이 바삭해진다.

튀김옷에 탄산수소나트륨을 0.2% 정도 첨가하면 가열 중 탄산가스CO_2가 발생하면서 동시에 수분도 증발되어 바삭해지지만 비타민 B_1·C 등이 파괴된다. 약간의 설탕을 첨가하면 튀김옷의 색이 적당하게 갈변되며 글루텐이 그물 구조를 유지하는 것을 방해하므로 튀김옷이 연하고 바삭바삭해진다. 밀가루 반죽에 사용하는 물의 온도는 15℃가 적당한데, 물의 온도가 높을 경우 튀김옷의 점도가 높아지므로 튀김옷이 두꺼워지고 눅눅해지기 쉽다.

(4) 튀김 시 유의점

튀기는 음식의 표면적이 클수록 흡유량이 많아지며, 레시틴과 같이 유화제나 당이 함유된 식품의 경우 수분의 증발이 일어나지 않아 기름이 재료로 많이 흡수되어 흡유량이 많아진다. 또한 수분함량이 많은 식품은 기름온도를 저하시켜 흡유량이 많아질 수 있기 때문에 되도록 수분을 제거해야 하며, 재료를 한꺼번에 많이 넣으면 기름의 온도가 급격히 내려가고 온도 상승이 늦어 흡유량이 많아지기 때문에 주의한다. 그 외에 냉동식품을 바로 튀기면 기름의 온도가 낮아져 흡유량이 많아지기 때문에 어느 정도 실온에서 해동한 후 튀기는 것이 좋다.

튀김을 끝낸 기름을 재사용하기 위해서는 체에 받쳐 불순물을 제거하고 갈색 병에 넣고 밀봉하여 직사광선이 없는 서늘한 곳에 보관한다. 특히 철제 팬에 동물성 식품을 튀기면 식품 중 포함된 헤모글로빈hemoglobin과 철 화합물이 산화촉매작용을 하여 산화가 촉진되기 때문에 반드시 다른 용기에 옮겨 담아 보관하도록 한다.

부엌 둘러보기

발연점이 낮아지지 않도록 하기 위해서는?

기름은 사용횟수가 증가할수록 발연점이 낮아진다. 또한 유리지방산의 함량이 높을수록 발연점이 낮아지며, 기름 이외의 이물질이 존재할 때 발연점이 낮아진다. 따라서 음식을 튀길 때는 기름을 반복하여 사용하지 않는 것이 좋고, 밀가루나 빵가루 등이 떨어지지 않도록 해야 하며, 이물질이 생기면 바로 제거하도록 한다.

2) 드레싱류

(1) 마요네즈

마요네즈mayonnaise는 식물성 기름, 식초, 난황을 주재료로 제조된 반고체의 유화식품이다.

마요네즈 제조 시 가장 중요한 것은 첫 단계에서 기름을 첨가할 때 신속하고 충분하게 교반해야 분리가 일어나지 않는다. 처음에 첨가하는 기름의 양이 적을수록, 천천히 첨가할수록 안정된 유화상태를 이룬다. 그러나 처음에 첨가한 기름의 양이 많은 경우, 난황의 신선도가 떨어지는 경우, 기름의 온도가 너무 낮아 제대로 분산되지 않은 경우, 유화제에 비하여 첨가하는 기름의 양이 많은 경우, 교반속도가 적합하지 않을 경우에는 제조 중 유화가 깨져서 계속 저어도 다시 유화가 일어나지 않는다. 분리된 마요네즈를 다시 재생시키기 위해서는 분리된 마요네즈에 난황을 조금씩 넣어 주면서 세게 젓는다.

(2) 프렌치드레싱

프렌치드레싱french dressing의 주재료는 기름과 식초이다. 기름과 식초를 강하게 흔들면 유화상태를 형성하나, 동작이 정지되면 기름방울이 즉시 결합하여 유화상태가 깨지게 된다. 시판되고 있는 프렌치드레싱은 채소 검류gum나 젤라틴gelatin을 첨가하기 때문에 유화상태가 유지된다.

실험 9-1	튀김온도를 달리한 감자튀김의 특성	실험일시

1. 실험목적

튀김온도를 달리하여 튀긴 감자튀김의 무게 변화와 관능 특성을 비교한다.

2. 재료 및 분량

냉동 감자튀김 50g×3, 식용유

3. 실험기구

- 계량기구 : 전자저울, 타이머
- 일반기구 : 온도계, 키친타올, 냄비

4. 실험방법

① 냉동 감자튀김을 140℃, 160℃, 180℃에서 각각 3분간 튀겨서 건진 다음 1분간 기름을 뺀 후 각각 무게를 잰다.

5. 실험결과

시료	튀김온도(℃)	무게(g)		중량변화율(%)	관능 특성		
		튀기기 전	튀긴 후		색[1]	바삭바삭한 정도[2]	느끼한 정도[3]
A	140						
B	160						
C	180						

※중량변화율

$$\text{중량변화율(\%)} = \frac{\text{튀기기 전의 시료 무게(g)} - \text{튀긴 후의 시료 무게(g)}}{\text{튀기기 전의 시료 무게(g)}} \times 100$$

[1] 색은 묘사분석한다.

[2] 바삭바삭한 정도는 시식 후 순위법으로 평가한다(가장 바삭한 시료가 1순위).

[3] 느끼한 정도는 시식 후 순위법으로 평가한다(가장 기름의 맛이 많이 나는 시료가 1순위).

실험 9-2	반죽횟수에 따른 도넛의 품질 비교	실험일시

1. 실험목적

도넛을 반죽할 때 젓는 횟수에 따른 도넛의 부드러움과 기름의 흡수량 변화를 이해한다.

2. 재료 및 분량

재료	밀가루(g)	베이킹파우더(g)	소금(g)	달걀(g)	설탕(g)	버터(g)	우유(g)
분량	600	22	4	100	200	26	240

3. 실험기구

- 계량기구 : 전자저울, 타이머
- 일반기구 : 체, 볼, 나무주걱, 도넛 틀, 튀김팬, 온도계

4. 실험방법

① 밀가루, 베이킹파우더, 소금을 섞어 2번 체에 친다.

② 볼에 달걀을 잘 풀어 설탕과 녹인 버터를 넣고 나무주걱으로 잘 섞는다.

③ ①과 우유를 ②에 넣어 가볍게 섞고, clean up 한 후 40회 반죽한다. 반죽하는 동안에 도우에 일어나는 변화를 기록한다.

④ ③의 시료 중 1/4은 시료 A로, 20회 추가 반죽 후 1/3은 시료 B로, 20회 추가 반죽하여 1/2은 시료 C로, 나머지는 20회 추가 반죽하여 사료 D로 준비한다.

⑤ 반죽을 밀가루를 뿌리면서 두께가 1cm 되도록 밀어 도넛 틀로 자른다.

⑥ 180℃의 기름에 준비된 시료를 넣고 튀긴다. 튀기는 시간은 3분으로, 1분 30초 튀겨서 뒤집어 다시 1분 30초 더 튀긴 후 꺼내 기름을 뺀다.

tip 각 시료마다 도넛 틀로 자르고 남은 반죽을 다시 반죽하여 성형하지 않는다.

5. 실험결과

시료	반죽횟수(회)	외관[1]	기름 흡수 정도[2]	단단한 정도[3]
A	40			
B	60			
C	80			
D	100			

[1] 외관은 도넛 형태, 부푼 정도 등을 묘사분석한다.

[2] 기름 흡수 정도는 시식 후 순위법으로 평가한다(가장 기름의 맛이 많이 나는 시료가 1순위).

[3] 단단한 정도는 시식 후 순위법으로 평가한다(가장 단단한 시료가 1순위).

실험 9-3	설탕 양에 따른 도넛의 품질 비교	실험일시

1. 실험목적

설탕의 양에 따른 도넛의 품질과 기름의 흡수량 변화를 이해한다.

2. 재료 및 분량

시료	밀가루(g)	베이킹파우더(g)	소금(g)	달걀(g)	설탕(g)	버터(g)	우유(g)
A	150	5.5	1	25	35	6.5	60
B					50		
C					65		

3. 실험기구

- 계량기구 : 전자저울, 타이머
- 일반기구 : 체, 나무주걱, 도넛 틀, 튀김팬, 온도계

4. 실험방법

① 밀가루, 베이킹파우더, 소금을 섞어 2번 체에 친다.

② 볼에 달걀을 잘 풀어 설탕과 녹인 버터를 넣고 나무주걱으로 잘 섞는다. 설탕의 양을 35g, 50g, 65g으로 구분하여 3가지 반죽을 한다.

③ ①과 우유를 ②에 넣어 가볍게 섞고 clean up 한 후 80회 반죽한다.

④ 밀가루를 뿌리면서 반죽을 밀어서 두께가 1cm 되도록 하여 도넛 모양의 커트기로 잘라 낸다.

⑤ 180℃의 기름에 준비된 것을 넣고 튀긴다. 튀기는 시간은 3분으로 한쪽은 1분 30초 튀겨서 뒤집어 다시 1분 30초 더 튀긴 후 꺼내어 기름을 뺀다.

5. 실험결과

시료	설탕 양(g)	반죽의 상태[1]	외관[2]	기름 흡수 정도[3]	단단한 정도[4]
A	35				
B	50				
C	65				

[1] 도넛 반죽 과정 및 성상 등을 묘사분석한다.

[2] 외관은 도넛 형태, 부푼 정도 등을 묘사분석한다.

[3] 기름 흡수 정도는 시식 후 순위법으로 평가한다(가장 기름의 맛이 많이 나는 시료가 1순위).

[4] 단단한 정도는 시식 후 순위법으로 평가한다(가장 단단한 시료가 1순위).

실험 9-4	달걀의 분량에 따른 도넛의 품질 비교	실험일시

1. 실험목적

달걀의 분량에 따른 도넛의 품질과 기름의 흡수량 변화를 이해한다.

2. 재료 및 분량

시료	밀가루(g)	베이킹파우더(g)	소금(g)	설탕(g)	버터(g)	달걀(g)	우유(g)
A	150	5.5	1	50	6.5	25	60
B						50	35

3. 실험기구

- 계량기구 : 전자저울, 타이머
- 일반기구 : 체, 볼, 나무주걱, 도넛 틀, 튀김팬, 밀대, 온도계

4. 실험방법

① 밀가루, 베이킹파우더, 소금을 섞어 2번 체에 친다.

② 볼에 달걀을 잘 풀어 설탕과 녹인 버터를 넣고 나무주걱으로 잘 개어 섞는다.

③ ①과 우유를 ②에 넣어 가볍게 섞고 clean up 한 후 80회 반죽한다.

④ 밀가루를 뿌리면서 반죽을 밀어 두께가 1cm 되도록 하여 도넛 모양의 커트기로 잘라 낸다.

⑤ 180℃의 기름에 준비된 것을 넣고 튀긴다. 튀기는 시간은 3분으로 한쪽은 1분 30초 튀겨서 뒤집어 다시 1분 30초 더 튀긴 후 꺼내어 기름을 빼고 뜨거울 때 설탕을 뿌린다.

5. 실험결과

시료	반죽의 상태[1]	외관[2]	기름 흡수 정도[3]	단단한 정도[4]
A				
B				

[1] 도넛 반죽 과정 및 성상 등을 묘사분석한다.

[2] 외관은 도넛 형태, 부푼 정도 등을 묘사분석한다.

[3] 기름 흡수 정도는 시식 후 순위법으로 평가한다(가장 기름의 맛이 많이 나는 시료가 1순위).

[4] 단단한 정도는 시식 후 순위법으로 평가한다(가장 단단한 시료가 1순위).

실험 9-5	재료 배합에 따른 마요네즈의 품질 비교	실험일시

1. 실험목적

마요네즈 재료 배합 중 기름의 양에 따른 품질의 차이와 혼합하는 방법이 제품의 성공과 실패의 원인이 되는 점을 이해한다.

2. 재료 및 분량

시료	난황(개)	기름(C)	식초(Tbsp)	소금(tsp)	설탕(tsp)
A	1	1/2	1/2	1/2	1
B		2/3			
C		3/4			
D		1			

3. 실험기구

- 계량기구 : 계량컵, 계량스푼
- 일반기구 : 볼, 나무주걱, 전기 블렌더, 온도계

4. 실험방법

① 볼에 난황을 넣고 식용유를 조금씩 떨어뜨려 나무주걱으로 저어 준다.

② 유화상태가 안정화되고 농도와 점도가 높아지면 소량의 식초를 넣어 기름을 조금씩 떨어뜨려 섞으면서 유화가 되는 것을 관찰하고, 기름을 각 시료의 함량에 맞게 섞어 유화시킨다. 이때 식초를 조금씩 떨어뜨려 제품이 분리되지 않고 적당히 묽어지도록 혼합한다.

③ 완성되면 소금과 설탕을 넣어 맛을 낸 후 양 및 색 등을 비교한다.

tip 초기에는 식용유의 양을 아주 조금씩 넣고 유화상태가 안정화되면 식용유의 양을 조금씩 늘려도 좋다. 재료를 섞을 때는 한쪽 방향으로만 젓는다.

5. 실험결과

시료	양[1)]	색[2)]	고소한 맛[3)]
A			
B			
C			
D			

1) 양은 부피분량으로 측정한다.

2) 색은 묘사분석한다.

3) 고소한 맛은 시식 후 순위법으로 평가한다(가장 고소한 맛이 나는 시료가 1순위).

CHAPTER

10

수조육류

1. 수조육류의 분류 2. 수조육류의 구조 3. 수조육류의 성분
4. 수조육류의 조리적 특성 5. 수조육류의 가열에 의한 변화
6. 수조육류의 조리 및 이용

10

수조육류는 대표적인 동물성 식품으로 소, 돼지, 양 등 포유동물의 가식부위를 식용으로 이용하는 것을 말하고, 조육류는 닭, 오리, 칠면조 등의 가식부위를 식용으로 이용하는 것을 의미한다.

1. 수조육류의 분류

수조육류는 수육류와 조육류로 구분할 수 있다.

1) 수육류

수육류에는 쇠고기, 돼지고기, 양고기 등이 있다.

(1) 쇠고기

쇠고기의 육질등급은 근내 지방도, 육색, 지방색, 조직감, 성숙도에 따라 구분한다. 육질등급은 고기의 품질 정도를 나타내는 것으로 1^{++}등급, 1^{+}등급, 1등급, 2등급, 3등급 등으로 나눈다. 살코기 속에 근내 지방이 골고루 섬세하게 가는 선으로 박혀 있는 것을 마블링marbling이라고 하며, 마블링이 잘된 것이 상등품이다.

육량등급은 소 한 마리에서 얻을 수 있는 고기의 양을 나타내고 유통과정에서의 거래 지표로 활용되며 A등급, B등급, C등급으로 구분한다.

원산지에 따라 국내산, 수입산으로 나뉘는데 국내산은 한우, 육우, 젖소고기로 구분하여 표시하고, 수입산은 호주산, 미국산 등으로 표시하고 있다.

쇠고기는 표면의 색이 선명한 붉은색이어야 하고, 손가락으로 눌러 봤을 때 탄력이 있어야 하며, 마블링이 잘된 것이 부드럽고 연하다.

쇠고기의 부위별 명칭은 그림 10-1과 같다.

목심은 어깨 위쪽에 붙어 있는 부분으로 두꺼운 힘줄이 여러 갈래로 표면에 존재하여 질기나 지방이 적당히 섞여 있어 맛이 좋다. 고급육은 스테이크나 구이로 이용되고, 저급육은 불고기, 장조림으로 이용된다.

등심은 등쪽에 척추 좌우로 원통 모양으로 위치하고 있는 부위이다. 육질이 연하고 지방이 적당히 섞여 있어 맛이 좋다. 윗등심살, 꽃등심살, 아랫등심살, 살치살 등으로 소분한다. 고급육은 주로 구이나 스테이크로 이용되고, 저급육은 전골이나 불고기로 이용된다.

채끝은 등심 뒷부분과 맞닿아 있어 등심과 비슷한 모양이다. 움직임이 거의 없어 육질이 연하고 지방이 적당히 섞여 있다. 그러나 등심보다 지방이 적고 살코기가 많다. 고급

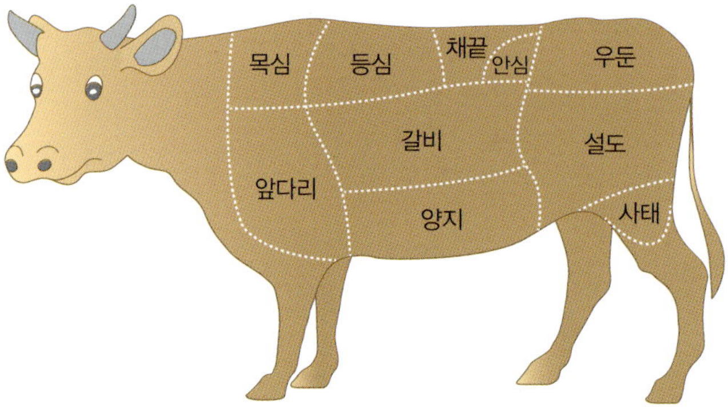

그림 10-1 쇠고기의 부위별 명칭

육은 구이, 샤부샤부로 이용되고, 저급육은 불고기와 국거리로 이용된다.

안심은 척추 뼈 안쪽에 위치하고 있는 근육으로 움직임이 거의 없어 부드럽고 연하다. 저지방으로 담백하고 육즙이 많으며 고기결이 가늘고 곱다. 쇠고기 중 양이 적은 부위로 스테이크나 구이로 이용된다.

갈비는 육즙과 골즙이 어우러져 농후한 맛을 낸다. 갈비살은 막이 많고 근육이 거칠고 단단하지만 근내 지방이 많아 풍미가 좋다. 토시살, 안창살, 제비추리 등이 갈비에 속하며, 갈비는 찜, 탕, 구이로 이용된다.

우둔은 엉덩이 부분의 살로 지방이 적고 살코기가 많으며 우둔살, 홍두깨살로 나눈다. 우둔살은 고기의 결이 약간 굵으나 근육막이 적어 연한 편이어서 육포, 불고기로 이용된다. 홍두깨살은 결이 거칠고 단단하여 육회나 장조림에 이용된다.

앞다리는 갈비 바깥쪽에 위치하고 내부에 지방층과 근막이 많아 연한 부위와 질긴 부위가 섞여 있다. 운동량이 많아 육색이 짙고 부채살은 앞다리의 소분 명칭이다. 구이와 불고기, 장조림으로 이용된다.

설도는 엉덩이살 아래쪽 넓적다리살이다. 바깥쪽 엉덩이 부분은 다소 결이 거칠고 질긴 편으로 우둔과 비슷하며 부위별로 육질의 차이가 크다. 설깃살, 도가니살, 삼각살, 보섭살 등으로 나눈다. 설깃살은 산적, 편육, 불고기로 이용되고, 도가니살은 육회나 불고기로 이용되며, 삼각살과 설깃머리살은 구이, 불고기로 이용된다. 보섭살은 채끝과 연결되는 부분으로 막이 적고 풍미가 좋아 스테이크로 이용된다.

양지는 앞가슴에서 복부 아래쪽에 걸쳐 있는 부위로 육질이 치밀하고 결합조직이 많아 질기다. 오랜 시간 가열하면 국물 맛이 좋아진다. 양지머리, 차돌박이, 업진살, 치마살 등으로 소분된다. 양지는 대부분 국거리, 장조림으로 이용되고, 차돌박이는 양지 하단부분 중의 하얀 조직으로 독특한 맛이 있어 구이로 이용된다. 업진살은 국거리, 수육, 편육으로, 치마살은 구이로 이용된다.

사태는 앞다리와 뒷다리의 뼈를 감싸고 있는 부위로 운동량이 많아 색이 진하고 근속이 모여 있어 특유의 쫄깃한 맛을 낸다. 물에 넣어 장시간 가열하면 연해지고 기름기가 없어 담백하다. 장조림, 찜, 육회, 탕에 이용된다.

(2) 돼지고기

돼지고기의 육질등급은 삼겹살의 상태, 고기의 색깔, 지방의 침착 정도 등에 따라 1^+등급, 1등급, 2등급, 등외등급으로 구분한다.

규격등급은 중량, 지방 두께, 비육상태 등에 따라 A등급, B등급, C등급으로 구분한다.

돼지고기의 색은 선홍색을 띠고 윤기가 나는 것이 좋다. 일반적으로 돼지고기는 쇠고기보다 색이 엷다. 지방색이 희고 단단한 것이 비육이 잘된 돼지고기이며, 육질이 연하고 풍미가 좋다.

돼지고기의 부위별 명칭은 그림 10-2와 같다.

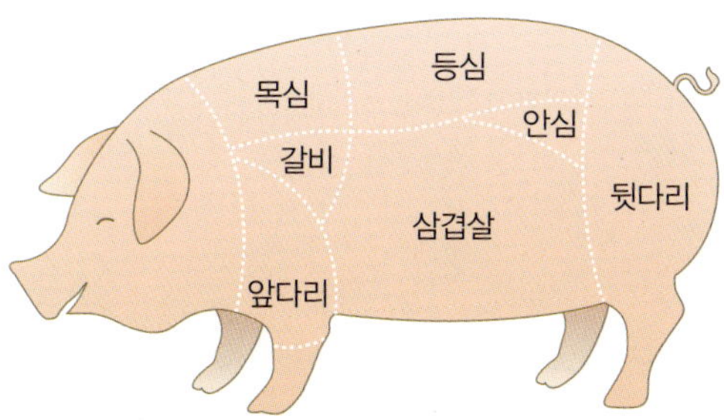

그림 10-2 **돼지고기의 부위별 명칭**

목심은 등심에서 목 쪽으로 이어지는 부위로 여러 개의 근육이 모여 있다. 지방이 적당히 있어 풍미가 좋고 구이로 이용된다.

등심은 표피 쪽에 두꺼운 지방층으로 덮인 긴 단일 근육이다. 고기의 결이 곱고 스테이크, 포크커틀릿, 폭찹 등으로 이용된다.

안심은 안쪽에 위치하여 육질이 부드럽고 연하다. 구이, 스테이크, 탕수육 등으로 이용된다.

갈비는 근육 내 지방이 섞여 있어 풍미가 좋다. 바비큐, 갈비, 찜 등으로 이용된다.

앞다리는 어깨부위의 고기로 불고기, 찌개, 수육 등으로 이용된다.

삼겹살은 갈비를 떼어 낸 부분에서 복부까지의 넓고 납작한 모양의 부위로 근육과 지방이 삼겹의 막을 형성하여 풍미가 좋다. 구이, 베이컨으로 이용된다.

뒷다리는 엉덩이부위로 살집이 두껍고 지방이 적은 편이다. 불고기, 장조림, 튀김 등으로 이용된다.

(3) 양고기

양고기는 유목민과 같은 특정한 민족이 주로 이용하는 육류였으나, 최근에는 양고기 요리가 많이 보급되면서 수요가 증가하고 있다. 양고기는 선홍색으로 신선한 소고기의 선명한 붉은색보다 엷고 신선한 돼지고기의 선홍색보다 진하다. 근섬유가 가늘고 조직이 약해 소화가 잘되고 특유의 향이 있다.

2) 조육류

조육류에는 닭고기, 오리고기 등이 있다.

(1) 닭고기

닭고기는 근육섬유가 미세하고 짧아 부드럽고 연하다. 닭고기는 선별, 정선과정을 거쳐 중량을 구분하고 품질을 평가하여 등급을 나눈다. 통닭은 1⁺등급, 1등급, 2등급으로 구분하고, 부분육의 품질은 1등급, 2등급으로 구분하며 그림 10-3과 같이 표시한다.

중량규격은 중량에 따라 특대(1.45kg 이상), 대(1.45~1.25kg), 중(1.25~0.95kg), 중소(950~650g), 소(650~450g) 5가지로 구분한다.

냉동닭을 조리하면 뼈나 뼈 주위의 근육이 색이 짙어지기도 하는데 이는 냉동과 해동과정에서 적혈구가 파괴된 것을 그대로 가열하면서 일어나는 현상이다.

그림 10-3 닭고기의 등급 표시

출처: 축산물품질평가원 홈페이지

닭고기는 껍질이 크림색이고 광택이 있어야 하며, 탄력성이 좋고 외부 손상이 없어야 한다. 또한 머리, 내장, 발 등이 깨끗이 제거되어야 하고 털구멍이 튀어나온 것이 신선하다.

닭고기의 부위별 명칭은 그림 10-4와 같다.

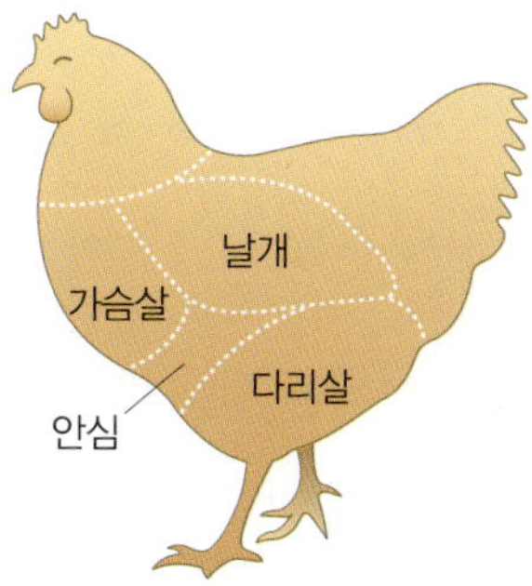

그림 10-4 닭고기의 부위별 명칭

가슴살은 지방이 매우 적어 맛이 담백하며 튀김, 볶음, 조림, 구이 등으로 이용된다.

안심은 가슴살 안쪽의 고기로 담백하고 지방이 거의 없으며, 탕, 튀김 등으로 이용된다.

날개는 살은 적으나 결합조직 단백질인 콜라겐이 다량 함유되어 있다. 닭날개는 윗날개와 아랫날개로 구분된다. 윗날개는 날개꿈치 관절을 절단한 윗부분으로 상관골에 붙은 근육과 껍질을 말한다. 아랫날개는 날개꿈치 관절을 절단한 아랫부분으로 요골과 척골에 붙어 있는 근육과 껍질을 말한다. 날개는 조림, 볶음, 튀김 등으로 이용되고 육수를 만들면 감칠맛이 있다.

다리살은 운동량이 많은 부위로 탄력이 있고 육질이 단단하다. 혈액량이 많아 안심과 가슴살에 비해 색이 붉으며, 지방과 단백질이 조화를 이루어 쫄깃쫄깃하다. 튀김, 볶음, 조림, 구이 등으로 이용된다.

(2) 오리고기

오리고기는 닭고기보다 고기의 색이 더 붉고 선명하다. 다른 육류에 비해 불포화지방산의 함량이 많다. 외관, 비육 상태, 지방함량, 잔털, 깃털, 신선도, 외상, 변색, 뼈의 상태, 이물질 부착, 냄새, 도체처리 등 품질 기준에 따라 1^{+}등급, 1등급, 2등급으로 구분한다.

2. 수조육류의 구조

육류는 근육조직, 결합조직, 지방조직 등으로 구성되어 있으며 이 중 근육조직을 식용으로 이용한다.

1) 근육조직

근육조직은 횡문근, 평활근, 심근 등으로 분류한다. 횡문근은 근육의 수축과 이완에 관여하는 근육으로 동물체의 30~40%를 차지한다. 평활근은 내장근을 구성하는 근육이고, 심근은 심장을 구성하는 근육이다. 그림 10-5는 근육조직의 세부적인 구조를 나타낸 것이다. 그림 10-5와 같이 근섬유는 가느다란 근원섬유로 구성되어 있고 근섬유가 모여 근속을 형성한다. 근원섬유는 단백질 분자들이 모여 형성되며 미오필라멘트myofilament로 구성되어 있다. 미오필라멘트는 굵은 필라멘트와 가는 필라멘트 두 가지 유형이 있다. 굵은 필라멘트는 주로 미오신myosin으로 이루어져 있고, 가는 필라멘트는 액틴actin으로 구성되어 있으며 근육의 수축과 이완에 작용한다. 가는 필라멘트로만 구성된 부분이 I대이고 가는 필라멘트들이 겹쳐져서 선처럼 보이는 부분이 Z선이다. 두 개의 Z선 사이의 부분을 근절이라고 한다. 근절에는 가는 필라멘트와 굵은 필라멘트가 공존하는 A대와 굵은 필라멘트만 존재하는 H역이 있다. 이 근절이 근육수축의 작은 단위이고 I대가 A대로 들어가면서 근절이 길이가 짧아져 근육이 수축된다. 근육조직은 동물의 연령, 활동량, 부위에 따라 다르다. 어린 고기일수록, 운동량이 적을수록 근육조직이 적어 고기가 연하다.

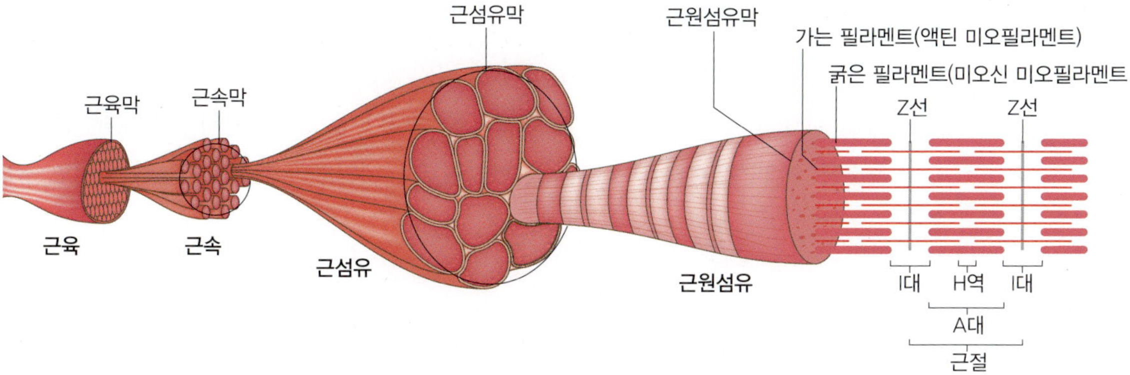

그림 10-5 근육조직의 구조

2) 결합조직

결합조직은 근섬유와 지방조직을 둘러싸고 있고 근속과 근속을 연결하고 있다. 서로 다른 기관과 장기를 연결하는 부위에 결합조직이 존재하는데, 근육을 다른 구조에 연결하는 힘줄tendon, 장기를 연결하는 조직, 뼈를 연결하는 인대ligament, 가죽 등에 많다. 결합조직은 대부분 콜라겐collagen과 엘라스틴elastin으로 구성되어 있다. 콜라겐은 흰색의 기다란 섬유상으로 트로포콜라겐tropocallagen으로 이루어져 있고, 이 분자는 3가닥의 폴리펩타이드polypeptide 사슬이 오른쪽으로 꼬인 나선구조로 되어 있다. 트로포콜라겐은 다수의 극성기를 가지고 있어 뜨거운 물에서 분산되면서 콜로이드 용액을 형성한다. 차게 식으면 젤라틴 분자들이 수소결합과 다른 2차 결합들에 의해 연속상의 단단한 그물구조를 형성하면서 물을 포집하여 졸sol에서 겔gel을 형성한다. 이 반응은 온도에 따라 가역적이어서 겔을 가열하면 다시 졸을 형성한다. 장시간 가열하면 수용성의 젤라틴gelatin으로 변한다. 반면, 엘라스틴은 황색을 띠고 열에 영향을 받지 않는다.

결합조직의 함량은 동물의 분류, 연령, 활동량에 따라 다르다. 돼지고기나 닭고기보다 쇠고기에 결합조직이 많고, 연령이 높을수록, 운동량이 많을수록 결합조직이 많다.

3) 지방조직

지방조직은 피하, 복부, 장기, 근육 사이 등에 많이 분포한다. 쇠고기의 경우, 근육 내에 반점이나 대리석 무늬 모양으로 존재하는 근내 지방, 마블링의 함량에 따라 고기의 등급을 결정한다. 근내지방은 고기를 부드럽게 만들고 질감이나 풍미를 좋게 만든다. 지방함량은 성별, 연령, 활동량, 부위에 따라 다르다. 수컷보다 암컷에, 연령이 높을수록, 운동량이 적을수록, 피하기관이나 내장기관에, 쇠고기보다 돼지고기에, 닭고기보다 오리고기에 많다.

3. 수조육류의 성분

1) 단백질

육류의 단백질함량은 동물의 종류와 부위 등에 따라 조금씩 다르나 일반적으로 18% 정도이다. 육류의 단백질은 필수아미노산을 골고루 함유하고 있는 양질의 단백질이다. 결합조직 단백질에는 콜라겐, 엘라스틴 등이 있다. 어린 동물의 고기에는 결합조직이 적어 고기가 연하다. 반면 늙은 동물의 고기는 결합조직이 많아 고기가 질기고 지방함량이 높다. 콜라겐은 물을 가하여 가열하면 젤라틴으로 변하는데, 시판되는 식용 젤라틴은 주로 동물의 콜라겐을 산이나 알칼리로 분해한 후 정제하여 만든다. 근육조직 단백질에는 미오겐myogen, 미오신 등이 있다. 근육조직의 근원섬유 사이의 육장sarcoplasma 내에 용해되어 있는 단백질을 근장(근형질)단백질sarcoplasmin protein이라고 한다. 이 근장단백질은 수용성으로 여러 가지 대사반응에 관여하는 효소들로 구성되어 있고 미오글로빈myoglobin, 헤모글로빈hemoglobin, 시토크롬cytochrome 등이 포함되어 있다.

2) 지질

육류의 지방은 대부분 중성지방으로 구성되어 있고함량은 육류의 종류, 등급, 부위 등에 따라 다르다. 일반적으로 암컷이 수컷보다 지방함량이 높고, 쇠고기가 가금류보다 지방함량이 높다. 지방산은 팔미트산palmitic acid, 스테아르산stearic acid 등의 포화지방산함량이 높고, 올레산oleic acid과 같은 불포화지방산도 함유되어 있다.

3) 탄수화물

탄수화물은 글리코겐glycogen의 형태로 주로 간에 저장되어 있고 일부 근육에 포함되어 있다. 글리코겐은 시간이 지나면서 해당작용에 의해 분해되고 젖산이 축적되면서 고기의 pH, 사후강직, 숙성에 영향을 미친다.

4) 비타민

육류의 비타민은 주로 비타민 B군으로 비타민 B_1, 비타민 B_2, 나이아신niacin이 많다. 비타민은 주로 간, 신장, 심장 등의 내장기관에 많고, 간에는 비타민 A가 특히 많다. 비타민 B_1은 특히 돼지고기에 많이 함유되어 있으며, 쇠고기보다 8~10배 정도 많다.

5) 무기질

육류의 무기질은 약 1% 정도로 주로 근육조직에 많이 함유되어 있으며, 인, 철, 칼륨, 나트륨, 염소, 마그네슘 등이 있다. 특히 철과 인은 간과 신장에 많고, 칼슘은 근육에는 거의 없고 뼈에 많다. 칼슘, 마그네슘, 아연 등은 2가 이온으로 전하를 띠어 물과 결합하여 육류의 보수성에 영향을 미친다.

육류는 종류, 품종, 부위 등에 따라 영양성분이 다르나 그림 10-6은 대표적인 수조육류인 쇠고기, 돼지고기, 닭고기의 영양성분을 비교한 것이다. 세 종류의 육류 모두 수분의 함량이 가장 높은 것을 확인할 수 있다. 단백질함량은 돼지고기(21.1%), 닭고기(19.5%), 쇠

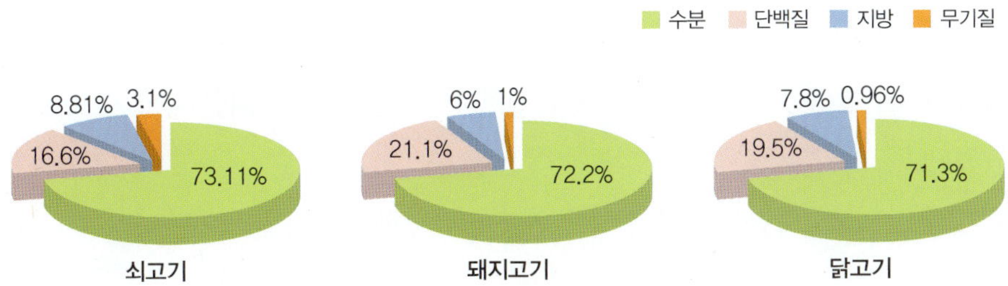

그림 10-6 대표 수조육류의 영양성분 비교

출처: 축산유통종합정보센터 홈페이지

고기(16.6%) 순으로 높고, 지방함량은 쇠고기(8.81%), 닭고기(7.8%), 돼지고기(6%) 순으로 높으며, 무기질은 쇠고기(3.1%), 돼지고기(1%), 닭고기(0.96%) 순으로 높다.

6) 색소 성분

육류의 색은 근장단백질인 미오글로빈과 혈액의 헤모글로빈에 의해 나타난다. 일반적으로 생체 내에서는 헤모글로빈의 비율이 더 많으나, 육류나 육류가공품에서는 혈액이 제거되어 미오글로빈의 비율이 더 많아져 전체 색소함량의 70~80% 이상이 된다. 일반적으로 쇠고기의 색이 돼지고기 색보다 진한데 이것은 미오글로빈함량이 많기 때문이다.

미오글로빈은 단백질인 글로빈globin 1분자와 비단백질인 헴heme 1분자로 구성되어 있다. 이 중 헴은 프로토포피린protoporphrin 고리와 2가의 철로 구성되어 있고, 이 헴에 의해 미오글로빈의 색이 나타난다. 프로토포피린 고리는 4개의 피롤pyrrole이 결합되어 있는 구조로 포피린 고리의 중심에 2가 이온의 철이 4개의 피롤에 있는 질소와 공유결합을 하고 있고 글로빈과도 결합하고 있다.

육류를 공기 중에 오래 놓아 두면 산화되어 색이 변화한다. 암적색인 미오글로빈이 산소와 결합하면 선명한 적색의 옥시미오글로빈oxymyoglobin이 된다. 산소가 제거되면 다시 암적색의 미오글로빈이 된다. 도살 직후의 육류는 미오글로빈이 다량 존재하여 암적색을 띠지만, 시간이 지나면 공기 중의 산소와 결합하여 옥시미오글로빈이 되어 선명한 적색을 띠게 된다. 덩어리 고기의 경우 표면은 선명한 적색이지만 내부는 암적색을 띠는데 이것은 표면은 산소와 결합하여 옥시미오글로빈이 존재하고 내부는 미오글로빈이 존재하기 때문이다.

선명한 적색의 옥시미오글로빈을 공기 중에 계속 놔두면 서서히 자동산화되어 헴분자의 중심에 있는 2가의 철ferrous iron이 3가의 철ferric iron로 되어 갈색의 메트미오글로빈metmyoglobin이 된다. 메트미오글로빈에 환원형의 조효소가 공급되면 다시 미오글로빈으로 환원된다.

그림 10-7은 미오글로빈의 산화에 의한 변화를 간단하게 나타낸 것이다.

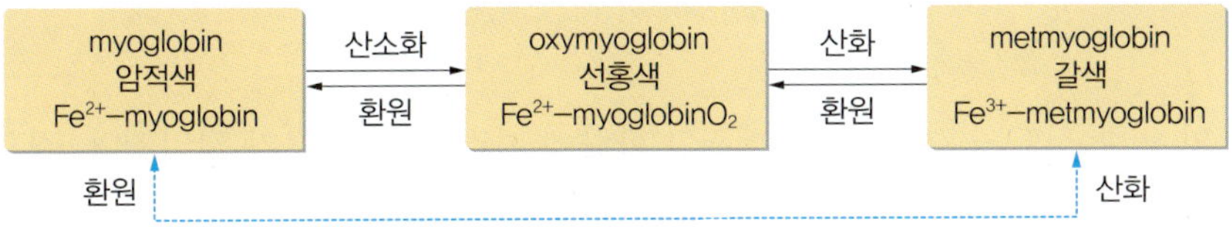

그림 10-7 미오글로빈의 산화에 의한 변화

4. 수조육류의 조리적 특성

1) 육류의 사후강직과 숙성

동물이 도살되면 산소의 공급이 중단되어 혐기적 해당과정만 진행된다. 이때 크레아틴 포스페이트creatine phosphate로부터 ATP가 생성된다. 1~3시간이 지나면 혐기적 과정에서 생성된 ATP가 고갈되면서 사후강직이 일어난다. 액틴과 미오신 간의 가역적 반응에 필수적인 ATP는 농도가 낮아지면 비가역적인 액토미오신 결합을 형성한다. 그렇게 되면 유연성과 신축성이 저하된다. 글리코겐이 분해되어 젖산이 축적되면서 pH가 낮아져 글리코겐과 크레아틴 포스페이트가 완전히 고갈되면 액토미오신 결합은 더욱 많아진다. 이 과정이 진행되면 pH가 7.0~7.2에서 5.5 정도로 낮아지면서 부드럽고 유연하던 근육이 굳고 뻣뻣하게 되는 사후강직이 일어난다.

수조육류는 종류에 따라 사후강직이 시작되는 시점이 다르다. 조육류는 생선보다 사후강직이 늦게 시작되는데, 닭은 4시간 이내에 사후강직이 시작되고, 칠면조는 12시간 이내에 시작된다.

사후강직에 의해 강직된 근육은 시간이 지나면서 유연해져 강직 해소 현상이 일어난다. 근육 자체의 단백질 분해효소에 의해 근육의 분해가 시작되는데, 이를 자가소화라고 한다. 또한 근육단백질이 분해되면 근육 길이가 짧아져서 연해지고 맛이 증가하는데, 이러한 과정을 숙성이라고 한다. 쇠고기와 돼지고기는 닭고기보다 사후강직이 더 늦게 시작되고 사후강직 이후 숙성과정이 필요한 육류이다.

2) 육류의 연화

육류의 연한 정도는 결합조직 단백질의 함량에 따라 연한 정도가 달라진다. 질긴 고기를 조리할 때 여러 가지 연화방법을 활용하면 고기를 연하게 할 수 있다.

(1) 숙성에 의한 연화

사후강직에 의해 강직된 육류는 맛이 없고 소화율이 떨어진다. 최대 사후강직 상태가 된 후 자가소화가 진행되어 강직이 풀리면서 숙성이 되면 근육이 연화되고 맛이 좋아진다. 육류의 종류마다 사후강직이 시작되는 시기와 풀리는 시간이 다르다. 쇠고기는 7~10일 정도, 돼지고기는 하루 정도의 숙성이 필요하다.

(2) 기계적 방법에 의한 연화

육류를 썰거나 두드리면서 칼집을 내는 등 물리적인 힘을 가하면 결합조직이 절단되어 고기를 연하게 할 수 있다.

(3) 효소에 의한 연화

단백질 가수분해효소는 콜라겐과 액토미오신을 분해하여 고기를 연하게 한다. 육류를 조리할 때 파인애플즙, 키위즙 등을 첨가하면 고기가 부드러워지는데 이는 파인애플에는 브로멜린bromelin, 키위에는 액티니딘actinidin이라는 효소가 들어 있기 때문이다. 그 밖에 파파야의 파파인papain, 무화과의 피신ficin 등도 연육 효소로 사용된다. 키위의 액티니딘은 분해효소 작용이 강해 많이 첨가하면 고기가 물러질 수 있다. 상업용으로 판매되는 연육소는 단백질 분해효소를 가공한 것이다.

(4) 산에 의한 연화

pH 5.0~6.0에서는 고기의 수화력이 낮아 고기가 매우 단단하다. 따라서 이 pH보다 높거나 낮으면 고기를 연화시킬 수 있다. 육류를 조리할 때 레몬, 와인, 토마토 페이스트 등 산성 물질을 첨가하면 pH를 산성으로 떨어뜨려 고기의 수화력을 높여 고기가 연해진다.

(5) 염류에 의한 연화

세포 내의 단백질은 염류 용액에 녹아 단백질의 수화를 증가시켜 육류를 연하게 한다. 따라서 육류를 조리할 때 소금이나 간장을 첨가하면 고기가 연해진다. 그러나 염의 농도가 너무 높으면 탈수작용으로 인해 고기가 질겨지고 맛이 없어진다.

(6) 당에 의한 연화

육류를 조리할 때 설탕, 배즙, 꿀, 올리고당 등 당을 첨가하면 고기가 연해진다. 이는 당이 단백질의 열 응고를 지연시키는 효과가 있고 당에 의해 단백질의 보수성이 증가되기 때문이다. 그러나 많은 당을 첨가하면 탈수작용으로 인해 고기가 질겨지고 맛이 없어진다.

여기서 잠깐!

육류를 조리할 때 육즙의 손실을 줄이려면?

육류는 조리 후 어느 정도의 육즙이 있어야 부드럽다. 고기를 가열하면 내부온도가 상승하면서 단백질이 응고되고 조직이 수축하면서 수분이 빠져나오며, 이때 지방도 함께 빠져나온다. 따라서 고기를 가열하면 수분과 지방의 손실로 중량이 감소한다. 고기의 내부온도가 높을수록 수분의 손실이 커 중량과 크기가 감소하므로 고기를 가열할 때는 낮은 온도로 가열하는 것이 육즙의 손실을 줄여 고기를 부드럽게 할 수 있다.

5. 수조육류의 가열에 의한 변화

1) 단백질 변성

육류에 물을 가하여 가열하면 결합조직인 콜라겐이 수용성인 젤라틴으로 변한다. 콜라겐을 가열하면 처음에는 근원섬유단백질 표면에 흡착되어 있는 수분이 제거되어 고기가 단단해진다. 계속 가열하면 콜라겐이 젤라틴으로 변하면서 근섬유가 한 가닥씩 풀어져 고기가 연해진다. 가열하는 온도에 따라 콜라겐이 젤라틴으로 변하는 데 필요한 시간이 다르다. 결합조직의 내부온도가 65℃ 이하일 때는 상당한 시간이 경과해야 변하나, 65~80℃의 온도에서는 단시간 내에 젤라틴으로 변한다. 즉, 질긴 부위의 고기를 물에 넣고 끓일 때 물의 온도가 높을수록 빨리 연해진다. 여기에 압력을 가하여 물의 온도를

121℃로 상승시키면 더 짧은 시간 내에 콜라겐이 젤라틴으로 변한다.

그러나 장시간 가열하면 근육조직 단백질이 크게 수축하여 질기고 단단해질 수 있다. 이때 미오신이 응고되고 근섬유 자체가 열에 의해 변성되며 수분이 빠져나가 질겨진다.

즉, 콜라겐과 근육단백질은 가열에 의해 상반되는 결과를 보인다. 콜라겐은 가열하게 되면 결합조직이 끊어져 고기가 연해지고, 근육단백질은 열에 의해 변성되어 질겨지고 풍미가 떨어진다.

젤라틴은 다수의 극성기를 가지고 있어 물과 수소결합할 수 있다. 젤라틴의 수소결합 능력과 분자 사이 공간에 물을 가둘 수 있는 능력은 젤라틴이 단시간에 많은 물을 보유하게 한다. 따라서 젤라틴을 물에 넣으면 수화되면서 팽윤되어 부피가 팽창한다. 수화된 젤라틴은 온도가 높아지면 쉽게 분산된다. 수화된 젤라틴에 뜨거운 물을 첨가하거나 열을 가하면 젤라틴의 분자 간 결합이 떨어져 긴 젤라틴 분자들이 분산되어 졸 상태가 된다. 졸화된 젤라틴은 식으면 겔화되는데 이 겔은 가역적이어서 온도가 높아지면 졸화된다.

시중에서 판매되는 젤라틴은 동물의 뼈나 가죽의 콜라겐을 산 또는 알칼리로 가수분해하여 만든다. 젤라틴은 겔을 형성하는 능력이 있으므로 식품에서는 응고제로 사용된다. 젤라틴의 겔화 형성에 영향을 주는 첨가물에는 설탕, 산, 효소, 염류 등이 있다. 설탕은 젤라틴이 물과 수소결합하는 것을 방해하여 겔의 강도를 낮추며 젤라틴 겔은 pH 4 이하에서 강도가 약해지기 때문에 신맛이 강한 과일, 과즙 등의 산도 젤라틴의 겔 형성을 방해한다. 또한 단백질 분해효소는 단백질을 변성시키므로 젤라틴의 겔 형성을 방해한다. 예를 들어, 단백질 분해효소가 들어 있는 파인애플, 키위 등을 이용하여 젤라틴 젤리를 만들 경우, 과일즙을 미리 끓여 단백질 분해효소를 불활성화시켜야 젤라틴 젤리가 잘 만들어진다. 그러나 염류는 젤라틴의 겔 형성을 도와준다. 젤라틴을 이용하여 음식을 만들 때 우유나 경수를 활용하면 우유나 경수의 염류로 인해 젤라틴이 빨리 굳는다.

2) 색의 변화

육류를 가열하면 미오글로빈이 산화되어 옥시미오글로빈을 거쳐 메트미오글로빈이 된다. 계속 가열하면 메트미오글로빈의 글로빈이 변성되고 철이 산화되어 회갈색의 헤마틴 hematin이 된다. 따라서 고기를 가열하면 고기가 회갈색으로 변한다.

그림 10-8은 미오글로빈의 가열에 의한 변화를 간단하게 나타낸 것이다.

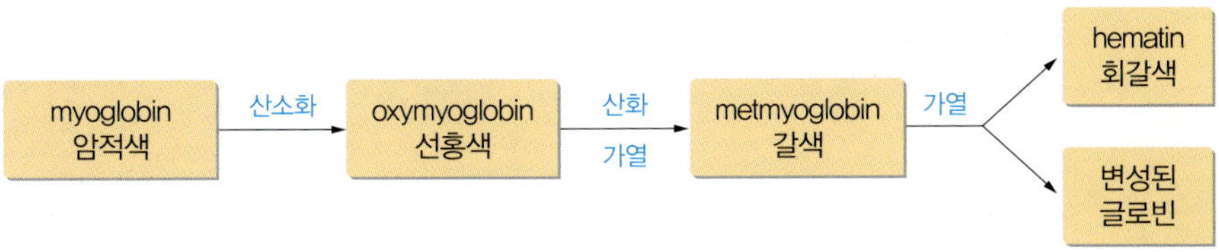

그림 10-8 미오글로빈의 가열에 의한 변화

부엌 둘러보기

익히는 정도에 따른 스테이크의 색과 텍스처는?

육류는 익히는 정도에 따라 색이 달라진다. '레어(rare)'로 익히면 고기의 내부온도를 54~60℃로 익히는 것으로 고기의 표면은 엷은 회갈색이나 내부는 선홍색을 띤다. '미디엄(medium)'으로 익히면 고기의 내부온도를 60~66℃로 익히는 것으로 레어보다 내부온도가 높아 고기의 표면은 회갈색, 내부는 연분홍색이 된다. '웰던(well done)'으로 익히면 고기의 내부온도를 66~74℃로 익히는 것으로 고기의 표면과 내부가 모두 회갈색이 된다. 아래 그림은 스테이크의 익힌 정도를 손을 이용하여 알아보는 방법을 나타낸 것이다. 오른손에 힘을 뺀 상태에서 엄지와 검지 사이의 들어간 부분을 왼쪽 손가락으로 눌렀을 때 들어가는 정도는 '레어'로 익혔을 때의 고기 텍스처와 유사하다. 오른손을 펴고 손가락에 힘을 준 상태에서 엄지와 검지 사이의 들어간 부분을 왼쪽 손가락으로 눌렀을 때 들어가는 정도는 '미디엄'으로 익혔을 때의 고기 텍스처와 유사하다. '미디엄'은 '레어'로 익혔을 때보다 더 탄력있고 단단하다. 마지막으로 오른손을 주먹을 쥔 상태에서 엄지와 검지 사이의 들어간 부분을 왼쪽 손가락으로 누르면 탄력이 없고 단단한데, 이때 들어가는 정도가 '웰던'으로 익혔을 때의 고기 텍스처와 유사하다.

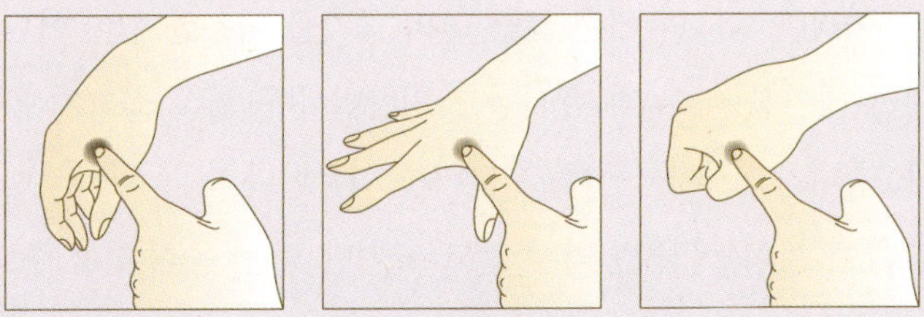

레어 미디엄 웰던

손가락을 이용한 스테이크의 익힌 정도 평가

육류를 가공할 때 아질산염nitrite이나 질산염nitrate을 첨가하는데, 이는 육류의 색소를 안정화시켜 가공육의 독특한 적색을 띠게 하기 위함이다. 가열에 의해 미오글로빈이 갈색의 메트미오글로빈으로 변하는 것을 아질산염이나 질산염의 산화질소nitric oxide가 미오글로빈과 결합하여 니트로소미오글로빈nitrosomyoglobin을 형성하여 산화를 방지한다. 산화가 방지되기 때문에 가공육은 가열해도 메트미오글로빈으로 변하지 않아 갈색으로 변하지 않는다.

6. 수조육류의 조리 및 이용

1) 국류 및 탕류

국이나 탕에는 결합조직이 많은 질긴 부위를 주로 사용한다. 탕은 젖산, 아미노산, 핵산분해 물질 등과 같은 성분이 충분히 용출되어야 맛이 있다. 따라서 콜라겐이 젤라틴이 될 때까지 찬물에서부터 끓이기 시작하는 것이 좋다.

곰탕이나 설렁탕과 같은 음식이 탕류에 속한다.

2) 찜류

찜은 소량의 물에 고기를 먼저 넣어 익힌 다음 채소나 여러 가지 양념을 넣어 중불에서 충분히 끓인다. 이러한 형태의 찜은 끓는 물의 증기를 이용한 찜이 아니라 서양조리인 스튜잉stewing이나 브레이징braising과 유사한 조리방법이다. 찜은 쇠고기에서는 주로 갈비나 사태를 이용하고, 돼지고기에서는 주로 갈비를 이용한다.

편육은 고기를 물에 삶아 국물은 먹지 않고 고기만 먹는 음식이다. 주로 쇠고기의 사태나 양지와 같은 결합조직이 많은 부위를 이용한다. 고기를 처음부터 물에 넣어 끓이지 않고 물이 끓기 시작할 때 고기를 넣어 표면의 단백질을 응고시켜 고기의 맛 성분이 많이 용출되지 않도록 한다.

3) 조림류

장조림을 할 때는 고기에 물을 붓고 끓여 단백질이 응고되고 콜라겐이 젤라틴으로 되었을 때 간장과 설탕을 넣어 끓인다. 처음부터 간장과 설탕을 넣으면 고기 내부의 수분이 삼투압 작용으로 빠져나와 근육섬유가 응고, 수축되어 고기가 질겨진다. 장조림은 결합조직을 용해시키고 근육섬유가 결대로 잘 찢어지게 조리해야 한다.

4) 구이류

구이는 육즙이 빠져나가지 않게 해야 한다. 그러기 위해서는 팬을 충분히 달군 다음 고기를 구워 표면의 단백질이 응고되어 내부 육즙의 용출을 최소화하도록 한다. 팬이나 오븐을 이용하는 간접구이와 숯불 등을 이용한 직접구이가 있다. 서양조리방법인 로스팅roasting은 오븐을 이용하는 구이인데 덩어리 고기를 오븐 속에 넣어 뜨거운 열로 굽는 조리방법이다. 또한 브로일링broiling은 고기를 직접 불에 굽는 직화구이 방법으로 브로일러broiler를 이용하거나 팬을 이용하기도 한다. 우리나라의 불고기는 고기에 양념을 한 후 굽는 방법이다. 이때 너무 오랫동안 양념에 재우면 고기의 수분이 빠져나와 질겨진다. 또한 양념에 파인애플즙, 키위즙을 첨가하면 단백질 분해효소로 인해 고기가 연해진다.

적(炙)과 전(煎)도 일종의 구이이다. 적은 육류를 양념하여 꼬챙이에 굽거나 기름에 지지는 조리방법이고, 전은 밀가루와 달걀을 묻혀 기름에 지지는 조리방법이다.

5) 튀김류

튀김은 기름을 열전달 매체로 하여 고온에서 단시간 조리하는 방법이다. 영양성분의 용출이 줄어들고 고기의 누린내를 감소시킨다. 탕수육, 포크커틀릿 등과 같이 고기에 튀김옷을 입혀 튀기기도 한다.

6) 기타

기타에는 수조육류의 조리방법은 아니지만, 수조육류를 이용한 가공품에 대해 설명하였다.

햄은 돼지고기를 정형하고 염지한 다음 설탕과 향신료를 첨가하여 훈연처리나 열처리한 것이다. 주로 허벅다리 살코기를 이용하는데 허벅다리 이외의 고기를 사용하기도 한다.

소시지는 돼지고기를 잘게 다져서 조미료와 향신료를 첨가하여 케이싱casing에 넣어 훈

연한 후 삶은 것이다. 케이싱은 돼지의 작은 창자막을 이용하나 최근 콜라겐, 식물성 식이섬유, 식용 플라스틱 등을 원료로 한 인조 케이싱을 주로 사용한다.

베이컨은 돼지고기의 삼겹살을 염지한 다음 훈연처리한 것이다.

육포는 우둔과 같이 지방이 적고 근육이 많은 살을 넓게 포를 떠서 양념을 바른 다음 건조시킨 것이다. 수분이 감소하면서 특유의 향과 질감을 갖게 된다.

실험 10-1	양념 첨가방법에 따른 장조림의 품질 비교	실험일시

1. 실험목적

조리방법을 달리하여 제조한 장조림의 색, 맛, 질감 등의 품질을 비교한다.

2. 재료 및 분량

쇠고기 200g×3, 물 1/4C×3, 간장 1/4C×3, 참기름 1.5Tbsp×3, 설탕 1Tbsp×3, 후춧가루 약간

3. 실험기구

- 계량기구 : 전자저울, 계량컵, 계량스푼
- 일반기구 : 냄비, 기타 조리기구

4. 실험방법

① 쇠고기를 3×3×3cm로 썰고, 다음과 같이 초기 처리 및 추가 처리한다.

	초기처리	추가처리
A	물 1½C → 3/4으로 줄어들 때까지 끓이기 (소요시간 ★분)	모든 양념 넣고 5분 끓이기
B	물 3/4C + 간장 1/4C → ★분 동안 끓이기	간장 제외 남은 양념 넣고 5분 끓이기
C	물 3/4C + 모든 양념 → ★분 동안 끓이기	그대로 5분 끓이기

tip 재료의 양이 적으므로 약한 불에서 조리하고 불 조절에 주의한다.
조리방법 이외의 가열시간, 불 조절, 사용하는 냄비의 종류 등 다른 요인은 모두 같은 조건이 되게 한다.

5. 실험결과

시료	색[1]	질감[2]	맛[3]
A			
B			
C			

[1] 색은 진한 정도를 순위법으로 평가한다(색이 가장 진한 시료가 1순위).

[2] 질감은 시식 후 고기의 연한 정도를 순위법으로 평가한다(가장 연한 시료가 1순위).

[3] 맛은 시식 후 짠맛 등에 대해 묘사분석한다.

실험 10-2	연화방법에 따른 쇠고기 구이의 품질 비교	실험일시

1. 실험목적

기계적인 방법과 화학적인 방법을 달리하여 구운 쇠고기의 익히는 과정을 관찰하고 질감 등 품질을 비교한다.

2. 재료 및 분량

시료	쇠고기(g)	연화방법	소금	후춧가루
A	100	칼집 내기	약간	약간
B		키위즙 1Tbsp		
C		파인애플즙 1Tbsp		
D		연육소 1Tbsp		

3. 실험기구

- 계량기구 : 전자저울, 계량스푼
- 일반기구 : 믹서, 거즈, 오븐(프라이팬)

4. 실험방법

① 쇠고기 등심을 5mm 두께로 썰고 시료 A는 칼집을 내고, 시료 B, C, D는 각각의 연화제를 첨가하고 잘 섞은 후 30분 정도 놓아 둔다. 모든 즙은 믹서에 갈고 거즈에 짜서 사용한다.

② 각 시료에 같은 양의 소금과 후추를 뿌리고 200℃로 예열된 오븐이나 프라이팬에 굽는다.

tip 프라이팬에 구울 때는 같은 양의 식용유를 두르고 불의 강도 및 시간을 동일하게 하여 굽는다.

5. 실험결과

시료	익히는 과정[1)]	질감[2)]
A		
B		
C		

1) 익히는 과정 중 관찰되는 고기의 수축되는 정도 등에 대해 묘사분석한다.

2) 질감은 시식 후 연한 정도를 순위법으로 측정한다(가장 연한 시료가 1순위).

실험 10-3	파인애플즙을 이용한 젤라틴 젤리 제조	실험일시

1. 실험목적

파인애플에 함유된 단백질 분해효소의 활성화 여부가 젤라틴의 응고에 미치는 영향을 이해한다.

2. 재료 및 분량

시료	젤라틴(tsp)	냉수(Tbsp)	끓는물(C)	생파인애플즙(C)	통조림 파인애플즙(C)	설탕(C)
A	1.5	2	1/3	1/4	-	1/4
B				-	1/4	

3. 실험기구

- 계량기구 : 계량컵, 계량스푼
- 일반기구 : 일정한 틀(크기가 같은 용기)

4. 실험방법

① 시료 A, B에 사용할 젤라틴을 각각 1.5tsp씩 냉수 2Tbsp에 5분간 불린 후 1/3C의 끓는 물을 부어 녹인다.

② 시료 A에는 ①의 녹인 젤라틴에 생파인애플즙 1/4C, 설탕 1/4C을 넣고,
시료 B에는 ①의 녹인 젤라틴에 통조림 파인애플즙 1/4C, 설탕 1/4C을 넣는다.

③ 일정한 틀에 부어 식힌 후 냉장고에 넣어 굳힌다.

5. 실험결과

시료	응고 여부[1]
A	
B	

1) 젤라틴의 응고 여부를 기록하고 그 원인을 고찰한다.

CHAPTER

11

어패류

1. 어패류의 분류 2. 어패류의 구조 3. 어패류의 성분
4. 어패류의 사후강직과 자가소화 5. 어패류의 조리에 의한 변화
6. 어패류의 조리 및 이용

11

어패류는 대표적 동물성 식품으로 인간에게 우수한 단백질을 공급한다. 필수아미노산 중 라이신이 부족한 곡류를 주식으로 하는 식생활에서 어패류는 라이신함량이 높아 더욱 의미있는 단백질 급원식품이라고 할 수 있다.

1. 어패류의 분류

어패류는 척추가 있는 어류와 척추가 없는 패류로 분류할 수 있다. 어류는 서식지가 바다인 해수어와 서식지가 강가인 담수어로 분류할 수 있고, 패류는 패각이 있는 조개류, 외피로 둘러싸인 갑각류, 몸에 뼈가 없는 연체류로 분류할 수 있다.

1) 어류

(1) 해수어

해수어는 바다에 서식하는 생선으로 흰살생선과 붉은살생선으로 구분한다. 흰살생선은 깊은 바다에 서식하고 지방함량이 5% 이하이며, 광어, 대구, 도미, 갈치 등이 있다. 붉은살생선은 바다의 표면에 서식하고 지방함량이 5~20%이며, 고등어, 꽁치, 참치, 연어 등이 있다.

갈치

고등어

꽁치

(2) 담수어

담수어는 강이나 호수에 서식하는 생선으로 민물고기라고도 한다. 종류로는 흰살을 가진 미꾸라지, 메기, 잉어, 붕어 등이 있으며, 붉은살을 가진 송어가 있다. 송어는 바다에서 서식하지만 산란 시 강으로 올라오는 특징을 가지는 어류이다.

미꾸라지

잉어

붕어

2) 패류

(1) 조개류

조개류는 패각이 있는 종류를 말한다. 패각은 조개류의 연한 조직인 연체를 싸서 보호하는 딱딱한 외피를 의미하는데, 이 딱딱한 외피는 부분적으로 싸여 있거나 전체적으로 싸여 있다. 조개류에는 대합, 모시조개, 홍합, 소라, 굴, 전복, 바지락 등이 있다.

소라

굴

바지락

(2) 갑각류

키틴질의 딱딱한 외피로 둘러싸여 있고 이 외피는 여러 조각으로 나뉘어 있으며, 외피 안은 부드러운 근육으로 되어 있다. 갑각류의 종류에는 게, 가재, 새우 등이 있다.

게

가재

새우

(3) 연체류

연체류는 몸이 부드럽고 얇고 투명한 껍질에 싸여 있으며 몸에 뼈가 없다. 종류에는 오징어, 문어, 낙지, 해삼 등이 있다. 해삼은 성게 등과 함께 극피동물로 분류하기도 한다.

오징어

문어

낙지

2. 어패류의 구조

1) 어류

생선은 머리, 몸통, 꼬리로 구성되어 있다. 패류와 달리 이동할 때 이용하는 지느러미가 있고, 호흡기관인 아가미, 척추, 두개골을 가지고 있다. 생선의 겉표면은 피부로 덮여 있는데 그 위에 피부의 일부가 변화한 비늘이 덮여 있다. 피하조직 아래에는 가식부인 근육으로 이루어져 있으며, 근육은 근섬유가 모인 다발인 근속으로 구성되어 있다.

몸통과 꼬리를 가식부로 이용한다. 이 부분의 근육은 척추를 중심으로 대칭을 이루고 있고 근절이 겹쳐져 있다. 근절과 근절 사이에는 결합조직 단백질인 근격막으로 연결되어 있는데 가열하게 되면 격막이 응고되면서 근절이 분리되어 쉽게 부서진다. 등근육과 배근육의 경계에는 혈액이 섞인 혈합육이 존재한다. 이 혈합육은 붉은색이고 미오글로빈이나 지방이 많다. 흰살생선보다는 붉은살생선에 혈합육의 양이 많다. 그림 11-1은 어류의 부위별 단면과 정단면을 나타낸 것으로 근절과 혈합육을 확인할 수 있다.

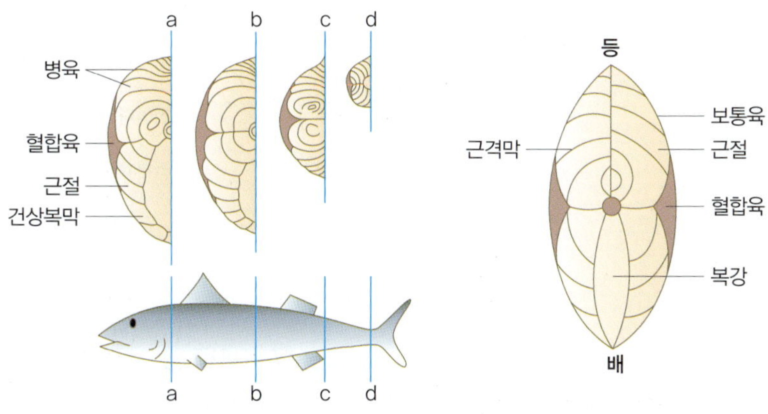

그림 11-1 어류의 부위별 단면 및 정단면

2) 패류

패류는 어류와 달리 지느러미와 척추가 없고 표면이 단단한 껍데기로 둘러싸여 있다. 대합이나 모시조개 등의 조개류는 패각이 내부조직을 싸서 보호하고 있다. 그림 11-2는

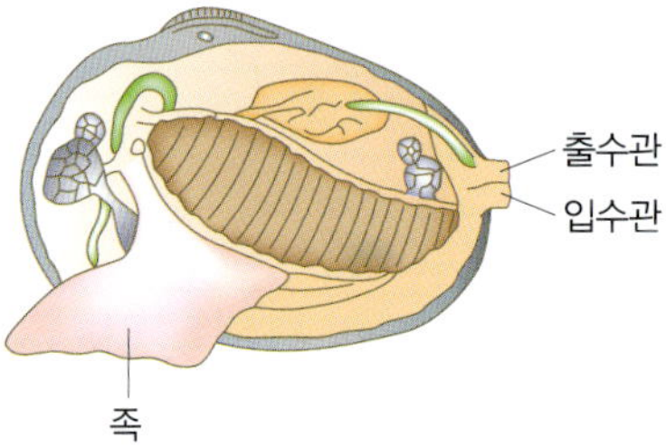

그림 11-2 조개류의 구조

조개류의 구조를 나타낸 것으로 영양분이 흡수되는 입수관, 노폐물이 배출되는 출수관, 조개류가 이동하는 데 이용하는 족을 확인할 수 있다.

게나 가재 등과 같은 갑각류는 여러 조각으로 나누어져 있는 키틴질의 단단한 껍데기로 둘러싸여 있다. 그림 11-3은 새우의 구조를 나타낸 것이다. 새우는 머리, 가슴, 배의 세 부분으로 이루어져 있는데 머리와 가슴은 각각 8마디, 7마디로 융합되어 있고, 배는 7마디로 되어 있다. 각 마디에는 부속지가 각각 붙어 있고 독립된 껍데기로 싸여 있다. 머리와 가슴은 갑각이라고 하는 석회질의 껍데기로 싸여 있고, 배는 키틴질 성분의 외골격으로 각각 독립적으로 싸여 있다. 배부분은 마디마다 관절로 연결되어 있어 자유롭게 굽혔다 펼 수 있다.

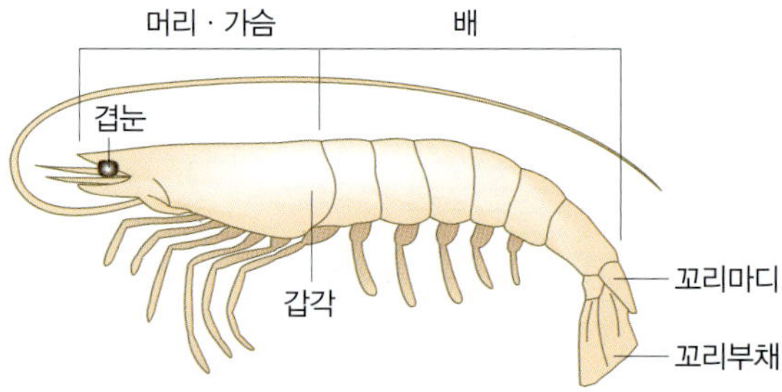

그림 11-3 새우의 구조

오징어나 낙지 등의 연체류는 얇고 투명한 껍질로 둘러싸여 있다. 조직이 어류보다 훨씬 단단하고 높은 온도에서 오래 가열하면 쉽게 질겨진다. 그림 11-4는 오징어의 구조를 나타낸다. 오징어의 근육조직은 몸의 축과 직각으로 존재한다. 오징어는 얇고 투명한 껍질로 싸여져 있는데 이 껍질은 4개의 층으로 되어 있다. 바깥쪽에서부터 첫 번째 층과 두 번째 층에는 색소세포가 존재하여 반점이 보이고, 세 번째 층과 네 번째 층은 콜라겐 섬유로 이루어져 있다. 이 콜라겐 섬유는 오징어 몸의 축 방향으로 존재하여 축과 직각으로 존재하는 근육조직을 고정시키는 역할을 한다. 보통 오징어는 첫 번째 층과 두 번

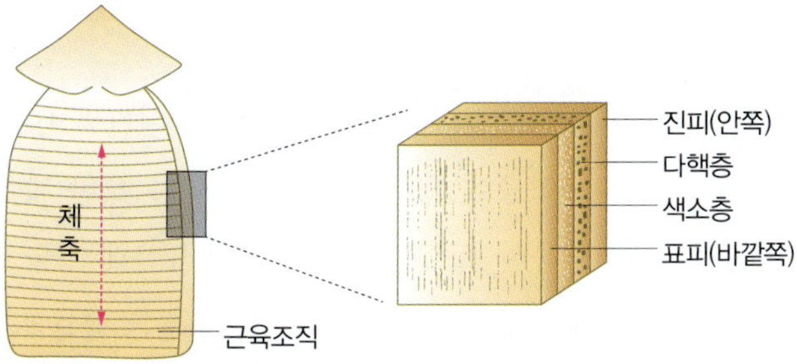

그림 11-4 오징어의 구조

째 층의 껍질을 벗기고 가열하는데, 이때 세 번째 층과 네 번째 층이 강하게 수축하면서 오징어가 축 방향으로 안쪽이 바깥쪽이 되게 말린다. 따라서 오징어의 안쪽에 칼집을 넣어야 동그랗게 말리게 된다. 또한 가열할 때 결합조직인 콜라겐 섬유가 약화되면서 체축과 직각방향으로 찢어지기 쉬워진다.

3. 어패류의 성분

1) 단백질

어패류는 수분(70~85%)을 제외한 고형물 중 단백질이 차지하는 비율이 가장 높아 동물성 단백질 급원식품이라고 부른다. 어패류의 단백질은 근육조직 단백질, 결합조직 단백질로 분류되며, 약 75%를 차지하는 근육조직 단백질은 액틴actin, 미오신myosin, 트로포미오신tropomyosin으로 구성된다. 결합조직 단백질은 콜라겐collagen과 엘라스틴elastin으로 구성된다. 특히 어패류의 콜라겐함량은 수조육류의 콜라겐함량보다 적고, 어패류의 근섬유 길이는 수조육류에 비해 짧아 조직이 연하다. 따라서 오랫동안 굽거나 끓이지 않아도 되며, 생으로 조리할 수 있다. 많은 필수아미노산을 함유하고 있으며, 특히 라이신lysine의 함량이 높다.

2) 지질

어류의 지방은 종류, 부위, 기후 등에 따라함량이 달라진다. 흰살생선보다는 붉은살생선의 지방함량이 높고, 배 부위와 피하층에 특히 지방함량이 높다. 또한 체내에 지방을 축적하는 산란기에 지방함량이 높다. 특히 불포화지방산함량이 높은데 그중 **ω**-3계열인 아라키돈산arachidonic acid함량이 높다. 고등어, 꽁치 등과 같은 등푸른 생선에는 **ω**-3계열의 다가불포화지방산인 DHA와 EPA함량이 높다. 반면, 패류는 지방함량이 매우 적다.

3) 탄수화물

탄수화물은 주로 글리코겐의 형태로 1% 미만이다. 사후 분해되기 시작하여 판매될 때는 거의 남아 있지 않게 된다. 조개류는 다른 종류에 비해 글리코겐함량이 높으며 3~5% 정도이다. 글리코겐이 효소에 의해 분해되면서 단맛을 내게 된다. 갑각류는 내피를 둘러싸고 있는 단단한 껍데기에 단백질과 복합체를 이루고 있는 다당류인 키틴chitin을 함유하고 있다.

4) 비타민

어유와 간유에 비타민 A와 비타민 D를 함유하고 있으며, 특히 지방함량이 높은 생선은 비타민 A의 함량이 상대적으로 높다. 또한 대부분의 어류는 비타민 B_1의 급원이며, 패류 중 굴은 비타민 B_1과 비타민 B_2의 좋은 급원이다. 담수어나 일부 조개에는 비타민 B_1을 분해하는 티아미나아제thiaminase가 함유되어 있으나 가열하면 불활성화된다.

5) 무기질

어패류는 육류보다 무기질함량이 상대적으로 높다. 뼈째 먹는 생선, 굴, 대합, 새우는 칼슘함량이 높다. 패류는 철, 아연함량이 높으며 조개류는 요오드함량이 높다. 특히 굴, 대합, 새우에 요오드함량이 높다.

6) 색소 성분

어류의 색소에는 헤모글로빈hemoglobin, 미오글로빈myoglobin, 사이토크롬cytochrome, 카로티노이드carotenoid 등이 있다. 연어, 송어, 새우, 게의 어육이나 껍질에 적색을 나타내는 색소는 주로 카로티노이드계이다. 갈치 등의 은색은 구아닌guanine과 요산의 혼합물에 의한 것이고, 오징어 먹물의 검은색은 멜라닌melanin에 의한 것이다.

새우나 게와 같은 갑각류를 가열하면 붉은색으로 변하는데 이는 아스타잔틴astaxanthin이 단백질과 결합하여 청색, 회색을 띠고 있다가 가열하면서 산화되어 아스타신astacin으로 변하기 때문이다.

7) 맛 성분

어패류 추출물 중 여러 가지 아미노산, 베타인betaine, 뉴클레오티드nucleotide, 유기산 등이 어패류의 맛 성분이다.

갑각류와 연체류는 글리신glycine, 알라닌alanine, 프롤린proline, 아르기닌arginine, 글루탐산glutamic acid, 히스티딘histidine, 타우린taurine 등의 유리 아미노산함량이 높다. 특히 타우린은 오징어, 문어, 새우 등에 많이 들어 있다. 또한 갑각류와 연체류는 베타인함량이 높은데, 베타인은 동물체의 대사물질의 하나로 감칠맛을 낸다. 사후 시간이 지나면서 근육 내의 ATP가 분해되는데, 이때 생성되는 IMP도 감칠맛을 낸다. 또한 호박산succinic acid과 젖산lactic acid 등의 유기산이 어류의 감칠맛 성분이다. 특히 호박산은 조개류의 감칠맛 성분이기도 하다.

8) 어취 성분

어패류는 사후 시간이 지나면서 트리메틸아민 옥사이드trimethylamine oxide; TMAO가 환원되어 트리메틸아민trimethylamine; TMA을 생성한다. 즉, 트리메틸아민 옥사이드는 단맛이 있고 신선한 생선의 냄새 성분인데 시간이 지나면서 자체 효소에 의해 트리메틸아민이 생성되면서 비린내가 나고, 생선의 신선도가 떨어진다. 트리메틸아민 산화물은 담수어보다 해수어에 많이 함유되어 있다. 트리메틸아민은 효소에 의해 디메틸아민dimethylamine이 생성되는데 이는 암모니아ammonia 냄새의 원인이다. 또한 생선의 신선도가 떨어지면 요소urea가 분해되어 암모니아가 생성된다. 홍어나 가오리 등은 요소함량이 다른 생선보다 높아 신선도가 떨어지면 다량의 암모니아를 생성하여 강한 암모니아 냄새가 난다.

또한 생선이 부패하면 황화수소, 인돌indole, 메틸머캅탄methylmercaptan, 지방산 등이 생성되면서 악취를 낸다. 따라서 생선의 신선도를 판정할 때 휘발성 염기질소, 암모니아, 트리메틸아민을 측정한다. 또한 악취를 내는 인돌, 휘발성 유기산이나 휘발성 환원물질, 히스타민histamine 등을 분석한다. 담수어의 비린내 원인물질은 라이신에서 생성된 피페리딘piperidine이다.

생선의 비린내를 제거하는 방법에는 여러 가지가 있다. 신선한 생선의 경우 전처리할 때 물로 씻으면 비린내를 어느 정도 제거할 수 있는데, 이는 비린내 원인물질인 트리메틸아민과 암모니아가 수용성이기 때문이다. 또한 생선회를 먹을 때 레몬즙을 뿌리거나 초고추장에 찍어 먹으면 트리메틸아민과 암모니아 등의 냄새성분이 산과 결합하여 중화되어 비린내가 약화된다. 즉, 산을 첨가하면 비린내를 제거할 수 있다. 그 밖에 비린내를 제거하는 방법으로는 조리할 때 알코올을 첨가하여 비린내 성분을 함께 휘발시키는 방법, 파나 양파와 같은 향이 나는 채소를 첨가하는 방법, 우유와 같은 단백질 용액을 사용하는 방법이 있다. 생선을 전처리할 때 우유에 담가 놓으면 우유단백질인 카제인casein이 비린내를 흡착하여 비린내를 제거할 수 있으며, 조리할 때 된장 등을 첨가하면 단백질 입자가 비린내를 흡착하여 비린내를 제거할 수 있다. 생강의 매운맛 성분인 진저론zingeron과 쇼가올shogaol은 비린내 물질을 변성시켜 비린내를 제거할 수 있다.

9) 독 성분

어패류의 독 성분으로는 복어의 내장에 함유된 테트로도톡신tetrodotoxin, 섭조개에 함유된 삭시톡신saxitoxin, 모시조개, 바지락에 함유된 베네루핀venerupin 등이 있다.

테트로도톡신은 주로 복어의 난소와 간장에 많이 존재하고 나트륨의 신경전달 작용을 방해하여 운동근 마비, 호흡근 마비를 일으킨다. 삭시톡신은 조개류가 섭취한 미생물에 의해 축적되는 독으로 마비를 일으키며 열에 안정하다. 베네루핀은 모시조개나 바지락에서 분리된 아민amine으로 구토, 복통, 피하출혈, 점막출혈, 황달 등의 증상을 일으키며 열에 안정하다.

4. 어패류의 사후강직과 자가소화

어패류도 수조육류와 같이 사후강직이 일어난 후에 자가소화가 일어난다. 육류의 사후강직과 자가소화 과정은 육류의 맛과 풍미를 더 좋게 만들지만, 어패류의 사후강직과 자가소화는 신선도에 좋지 않은 영향을 준다.

사후 산소 공급이 중단되면 글리코겐이 분해되어 젖산이 생성되면서 pH가 낮아진다. pH가 점점 낮아져 5.4에 이르면 효소가 불활성화되어 pH의 감소가 멈추면서 어패류의 최대 사후강직 상태가 된다. 어류의 사후강직 시작과 지속시간은 수조육류에 비하여 짧아 신선도의 저하속도가 빠르다. 어육은 수조육과 다르게 사후강직일 때의 것을 신선한 상태로 보기 때문에 생선을 고를 때는 살이 단단하여 손으로 눌렀을 때 자국이 남지 않는 것을 선택해야 한다. 붉은살생선은 흰살생선보다 사후강직이 빨리 시작되고 지속시간도 짧다. 죽기 전에 격렬한 운동을 장시간 지속한 어류는 사후강직이 빨리 시작되고 지속시간도 짧다.

최대 사후강직 상태가 어느 정도 지속되다가 조직 중에 존재하는 여러 가지 효소에 의해 어육의 분해가 일어나는데 이를 자가소화라고 한다. 어류는 원래 조직이 연하기 때문에 자가소화가 일어나면 풍미가 떨어지고 부패가 시작된다.

따라서 사후강직의 지속시간을 연장시키면 자가소화가 시작되는 시간이 늦어져 어류의 저장수명을 연장할 수 있다. 사후강직의 지속시간을 연장하는 방법은 고기를 잡은 후 바로 빙장icing하거나 동결freezing시키는 것이다.

5. 어패류의 조리에 의한 변화

1) 가열에 의한 변화

(1) 단백질 변성

어패류를 가열하면 단백질이 응고하고 수축하면서 육즙이 분리되어 중량이 감소한다. 결합조직 단백질인 콜라겐이 수축하면서 생선의 껍질이 수축되거나 찢어지게 된다. 오징어를 가열할 때 둥글게 말리는 것도 콜라겐이 수축하면서 일어나는 현상이다. 따라서 어패류를 가열하여 조리할 때 칼집을 넣어 주면 생선의 껍질이 찢어지거나 살이 둥글게 말리는 것을 방지할 수 있다.

결합조직 단백질인 콜라겐은 습열조리 시 젤라틴으로 변한다. 열이 계속 가해지면 젤라틴은 졸 상태로 변하고, 식으면 겔 상태로 변하면서 굳는다.

(2) 열 응착성

어패류를 석쇠, 프라이팬, 냄비 등 조리기구를 이용하여 가열하면 조리기구에 붙게 되는데 이를 열 응착성이라고 한다. 이는 가열로 인해 근육조직 단백질인 미오겐의 펩타이드 사슬이 흩어져 다른 물질과 결합할 수 있는 활성기가 많이 생기기 때문이다. 이 활성기가 조리기구의 금속에 닿으면 금속 이온과 반응하여 생선이 조리기구에 붙게 된다. 따라서 어패류를 금속 조리기구를 이용하여 조리할 때 금속 조리기구에 기름을 칠하면 막이 생겨 이를 방지할 수 있다.

2) 식염에 의한 변화

어패류에 소금을 가하면 단백질 변성이 일어난다. 어패류를 2~3%의 소금물에 넣으면 근육조직 단백질인 액틴과 미오신이 유출되어 액토미오신actomyosin이 되면서 점성과 탄력성이 증가한다. 점성이 강한 졸 상태인 액토미오신을 가열하면 단백질은 더욱 응고하고 물을 흡수한 겔이 되면서 탄력과 점성이 증가한다. 이러한 성질을 이용하여 어묵을 제조한다. 즉, 어묵은 3% 내외의 소금을 생선에 넣고 갈아 액토미오신을 형성하게 한 후 일정한 모양으로 만들어 찌거나 기름에 튀긴 것이다.

어패류에 1~2% 정도의 소금을 가하면 수분이 용출되면서 살이 단단해지고 탄력성이 증가한다. 2~3%의 소금물에 넣었을 때보다 단백질 유출량이 적다. 따라서 생선을 구울 때 약간의 소금을 뿌려 굽게 되면 살이 단단해져 모양이 흐트러지는 것을 방지할 수 있다.

어패류에 10~15% 정도의 소금을 가하면 삼투압작용에 의해 탈수와 응고가 일어나 육질이 단단해지고 수분, 효소 성분이 상당량 제거된다. 이에 따라 세균의 번식도 억제되어 저장성이 향상된다. 이러한 성질을 염장생선, 젓갈류에 이용한다.

3) 산에 의한 변화

어패류에 산을 가하면 pH가 등전점 부근에 도달하면서 단백질이 응고되어 단단해진다. 생선회를 먹을 때 레몬즙을 뿌리거나 초고추장에 찍어 먹으면 어육의 단백질이 응고되어 쫄깃한 질감을 느낄 수 있다. 또한 어패류에 산을 가하면 단백질의 변화뿐만 아니라 냄새 성분의 변화도 생긴다. 생선의 비린내 성분인 트리메틸아민이 알칼리성 물질이므로 산을 가하면 중화되어 비린내가 감소된다. 뿐만 아니라 산을 가하면 pH가 산성이 되면서 세균의 번식도 억제할 수 있다.

6. 어패류의 조리 및 이용

1) 회

생선을 회로 이용할 때는 특히 신선해야 한다. 사후강직 상태일 때 단백질이 응고되면서 질감이 좋아진다. 먹기 전에 레몬즙을 뿌리거나 초고추장에 찍어 먹으면 pH가 단백질의 등전점에 가까워지면서 생선살이 단단해지고 질감이 좋아진다. 생선회는 얇게 저미는데, 특히 흰살생선은 붉은살생선보다 결합조직 단백질이 많아 더 얇게 저미는 것이 좋다. 연체류는 끓는 물에 데치는 숙회로 이용하기도 한다. 이때 껍질을 벗기거나 껍질에 칼집을 넣어 주면 껍질의 결합조직 단백질이 물리적으로 끊어져 가열에 의해 단백질이 응고하면서 수축하는 것을 방지할 수 있다.

2) 찌개류

생선찌개는 비린내가 나지 않고 생선의 모양이 그대로 유지되는 것이 좋다. 생선찌개에 간장, 된장, 고추장 등을 사용하면 비린내를 흡착하여 비린내를 제거할 수 있다. 생선의 모양을 유지하기 위해서는 생선을 처음부터 넣고 끓이지 말고, 조림과 같이 국물이 끓을 때 넣어 가열시간을 짧게 한다.

3) 조림류 및 찜류

생선조림은 생선살이 부서지지 않고 모양이 그대로 유지되어야 하고 비린내가 나지 않아야 한다. 생선조림을 할 때 오랫동안 가열하면 생선이 물을 흡수하고 단백질이 팽윤되면서 젤라틴이 용해되어 생선살이 부서지게 된다. 생선조림이 식으면 국물에 용출된 젤라틴이 굳어 겔 상태가 되는데 다시 가열하면 졸 상태가 된다. 따라서 생선조림을 할 때는 양념국물이 끓기 시작할 때 생선을 넣고 가열시간을 짧게 해야 생선의 겉부분 단백질이 응고되면서 모양을 유지할 수 있다. 붉은살생선은 흰살생선보다 단단하나 이취가 있고, 민물고기는 해수어보다 비린내가 강해 비린내를 제거할 수 있는 마늘, 양파, 파, 생강, 고추, 미나리, 쑥갓 등의 향이 강한 채소와 간장, 고추장, 된장 등의 양념을 많이 이용한다. 이와 같이 조리는 경우 생선 종류에 따라 찜이라는 요리명을 붙이기도 한다. 또한 서양조리의 브레이징과 같은 형태의 조림이 있고, 끓는 물의 증기를 이용한 생선찜도 있다.

4) 구이류

생선구이는 모양이 흐트러지지 않고 조리기구에 생선살이 달라붙지 않도록 해야 한다. 생선에 칼집을 넣으면 모양을 유지할 수 있고 조리기구에 기름을 칠하면 막이 형성되어 생선살이 달라붙는 것을 방지할 수 있다. 생선 단백질은 50℃ 전후에서 응고되므로 센불에서 오랫동안 구우면 단백질이 수축되어 질겨지고 건조해지며 자주 뒤집으면 생선살이 부서지므로 주의한다.

5) 전류

생선전은 생선살이 흐트러지지 않아야 한다. 주로 흰살생선을 이용하며 손질된 생선의 수분을 제거하고 밑간을 한 후 밀가루, 달걀 순으로 묻혀 팬에 지져 낸다. 지지는 과정에서 비린내가 휘발되고 달걀이 응고되면서 전의 모양이 유지된다.

6) 튀김류

어패류 튀김은 어패류의 모양을 유지할 수 있는 조리방법이다. 튀김옷을 입히지 않고 재료 그대로 튀기는 방법과 튀김옷을 입혀 튀기는 방법이 있다. 튀김옷을 입혀 튀기면 튀김옷이 기름을 흡수하면서 바삭해지고 어패류의 풍미가 휘발되지 않고 유지된다.

7) 기타

기타에서는 어패류의 조리방법은 아니지만, 어패류를 이용한 가공품에 대해 설명하였다.

어패류 가공품에는 건제품, 냉동품, 염장품, 어육연제품, 통조림 및 병조림 등이 있다. 건제품은 미생물이 이용할 수 있는 수분을 제거하는 방법으로 저장성이 좋아진다. 건제품에는 북어, 건오징어, 굴비, 멸치 등이 있다.

냉동품은 어패류 어획 후 곧바로 동결시켜 미생물의 번식을 방지해 주어야 하며, 해동 이후 재냉동하지 않아야 한다.

염장품은 생선을 소금에 절여 저장하는 방법으로 자반이라고 하고 고등어, 삼치, 전어 등에 이용한다.

염장품의 다른 종류에는 젓갈이 있다. 젓갈은 어패류를 소금에 절여 숙성시켜 만든 저장식품으로 숙성과정 동안 단백질이 가수분해되면서 생성된 유리아미노산과 핵산 관련 물질로 인해 젓갈 특유의 향미를 갖는다. 젓갈을 만드는 재료에 따라 멸치젓, 새우젓, 조기젓, 갈치젓, 황석어젓, 굴젓, 명란젓, 창란젓, 오징어젓, 조개젓 등이 있다. 액젓은 젓갈을 숙성시킨 후 끓여서 여과하여 맑은 액체 상태로 만든 것으로 김치를 담글 때나 음식의 양념으로 사용한다.

어육 연제품에는 어묵, 어육햄, 소시지 등이 있다.

부엌 둘러보기

생태의 이름은 여러 가지?

찌개나 탕으로 많이 이용하는 생태는 가공방법이나 포획시기 등에 따라 이름이 다양하다. 북어는 생태를 완전히 건조시켜 수분을 제거한 것이고, 코다리는 반 정도 건조시킨 것이다. 동태는 겨울철에 잡아 냉동시킨 것이고 명태는 산란기 중에 잡은 것이다. 황태는 얼리고 말리는 과정을 반복하면서 가공한 것을 말하고, 노가리는 명태의 새끼를 말한다.

실험 11-1	조리방법에 따른 생선구이의 품질 비교	실험일시

1. 실험목적

조리온도와 처리방법을 달리하여 생선을 조리한 후 이들이 생선구이의 품질에 미치는 영향을 이해한다.

2. 재료 및 분량

대구살(흰살생선) 200g×6

3. 실험기구

- 계량기구 : 전자저울
- 일반기구 : 오븐, 포일, 기타 조리기구

4. 실험방법

① 생선살을 2.5cm 두께로 200g씩 6개를 준비한다.

② 각 시료를 오븐을 이용하여 다음과 같이 조리한 후 조리에 의한 손실량, 외관, 부드러운 정도, 보수성 등을 비교한다.

시료	오븐온도(℃)	포일 사용 여부	조리 시간(분)
A	150	미사용	35
B		사용	
C	180	미사용	
D		사용	
E	220	미사용	
F		사용	

5. 실험결과

실험이 완성된 시료를 비교할 때는 A와 B, C와 D, E와 F를 비교하여 포일 사용 여부에 따른 차이를 파악하고 A, C, E의 차이와 B, D, F의 차이를 비교하여 가열온도에 따른 차이를 파악한다.

시료	조리 후 중량(g)	손실량(g)[1]	외관[2]	부드러운 정도[3]	보수성[4]
A					
B					
C					
D					
E					
F					

[1] 조리에 의한 손실량은 조리 후 중량을 측정하여 조리 전 중량과의 차이를 기록한다.

[2] 외관은 표면의 윤기 등을 관찰하여 묘사분석한다.

[3] 부드러운 정도는 시식 후 순위법으로 평가한다(가장 부드러운 시료가 1순위).

[4] 보수성은 시식 후 순위법으로 평가한다(즙이 많아 가장 촉촉한 느낌이 큰 시료가 1순위).

실험 11-2	조리방법에 따른 생선살의 응착성 비교	실험일시

1. 실험목적

조리방법을 달리한 생선살의 응착성을 살펴봄으로써 생선살의 근육조직을 이해한다.

2. 재료 및 분량

흰살생선×4

시료	조리방법
A	석쇠를 달구고 식용유 바르지 않기
B	석쇠를 달구고 식용유 바르기
C	석쇠를 달구지 않고 식용유 바르지 않기
D	석쇠를 달구지 않고 식용유 바르기

3. 실험기구

- 계량기구 : 전자저울
- 일반기구 : 석쇠, 기타 조리기구

4. 실험방법

① 각 시료의 중량을 측정한다.

② 각 시료를 처리방법을 달리하여 석쇠에 굽는다.

tip 시료 A와 시료 B의 경우 석쇠를 달구는 시간이 같도록 한다.
시료 B와 시료 D의 경우 석쇠에 식용유를 바를 때에는 생선을 올리기 직전에 바른다.
실험결과를 확실하게 관찰하기 위해서는 통째로 된 생선보다 포를 뜬 생선살을 사용하는 것이 좋다.

5. 실험결과

실험이 완성된 시료를 비교할 때는 A와 B, C와 D를 비교하여 석쇠에 식용유를 발랐을 때와 바르지 않았을 때의 차이를 파악하고 A와 C, B와 D를 비교하여 석쇠를 달궜을 때와 달구지 않았을 때의 차이를 파악한다.

시료	굽기 전 중량(g)	구운 후 중량(g)	손실량(g)[1]	외관[2]	구운 후 경도[3]
A					
B					
C					
D					

[1] 굽기 전 중량에서 구운 후 중량을 빼 손실량을 측정한다.

[2] 외관은 생선을 석쇠에서 떼어 낼 때의 과정과 생선이 석쇠에 남은 정도 등에 대해 묘사분석한다. 필요에 따라 석쇠에 남은 정도는 순위법으로 평가해도 좋다(석쇠에 많이 남아 있는 시료가 1순위).

[3] 구운 후 경도는 손가락으로 눌러본 후 순위법으로 평가한다(가장 단단한 시료가 1순위). 손가락으로 누를 때 각 시료의 같은 부위를 누른다.

실험 11-3	**전처리방법에 따른 오징어의 열 응고성**	실험일시

1. 실험목적

전처리방법을 달리한 오징어를 가열하여 익은 모양을 관찰함으로써 열에 의한 단백질 변성을 살펴보고 오징어의 근육구조를 이해한다.

2. 재료 및 분량

오징어 4마리

시료	칼집위치	전처리방법	칼집 넣는 방향
A	진피	체축 방향으로 세로로 칼집 넣기	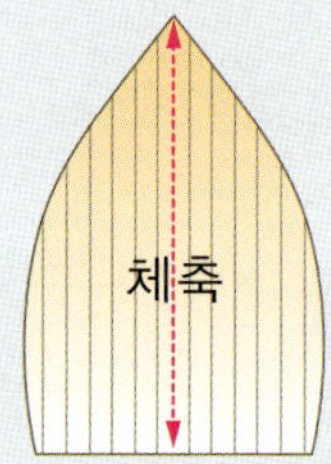
B	표피		
C	진피	체축과 반대방향으로 가로로 칼집 넣기	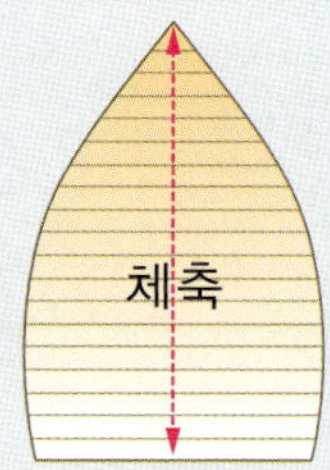
D	표피		
E	진피	대각선으로 칼집 넣어 솔방울무늬로 칼집 내기	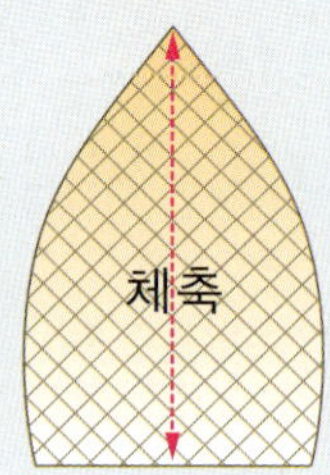
F	표피		

3. 실험기구

- 계량기구 : 전자저울, 자
- 일반기구 : 냄비, 기타 조리기구

4. 실험방법

① 오징어는 내장을 제거하고 껍질을 벗겨 깨끗이 손질한다.

② 가로 5cm, 세로 5cm 크기로 썰어 4장 준비한다.

③ 각 시료에 칼집을 3mm 간격으로 넣는다.

④ 각 시료를 끓는 물에 20초 동안 데친다.

⑤ 데친 오징어의 세로와 가로의 길이를 측정하고 수축률을 계산하여 각 시료를 비교해 본다.

5. 실험결과

시료	세로			가로		
	가열 전(cm)	가열 후(cm)	수축률(%)[1)]	가열 전(cm)	가열 후(cm)	수축률(%)[2)]
A						
B						
C						
D						
E						
F						

1) 세로의 수축률은 {(가열 전 세로 길이-가열 후 세로 길이) / 가열 전 세로 길이}×100으로 계산한다.

2) 가로의 수축률은 {(가열 전 가로 길이-가열 후 가로 길이) / 가열 전 가로 길이}×100으로 계산한다.

CHAPTER

12

난류

1. 난류의 종류 2. 난류의 구조 3. 난류의 성분
4. 난류의 조리적 특성 5. 난류의 조리에 의한 변화
6. 난류의 조리 및 이용

12

식용으로 섭취하고 있는 난류는 달걀, 오리알, 메추리알 등이 있고, 그중 가장 보편적으로 이용하고 있는 것이 달걀이다. 달걀은 우수한 아미노산으로 조성되어 있는 동물성 단백질의 급원이며, 여러 가지 무기질을 함유하고 있다.

1. 난류의 종류

1) 달걀

달걀은 우수한 양질의 단백질과 각종 비타민, 무기질을 골고루 함유한 식품이며 가격이 저렴하고 생산량이 많다.

2) 오리알

크기는 달걀보다 큰 편으로, 달걀과 쓰임이 비슷하나 생식하지 않는다. 영양 성분이 달걀과 유사하나 비타민 B_1이 난류 중 비교적 많은 편이다.

3) 메추리알

꿩과의 작은 새인 메추리의 알을 말한다. 영양 성분은 달걀과 유사하나 비타민 A, B_1, B_2가 풍부하며, 크기가 작기 때문에 장식이나 안주, 꼬치, 조림 등으로 많이 이용된다.

2. 난류의 구조

달걀은 난각, 난각막, 난백, 난황, 알끈으로 이루어져 있다.

그림 12-1은 달걀의 구조를 나타낸 것이다.

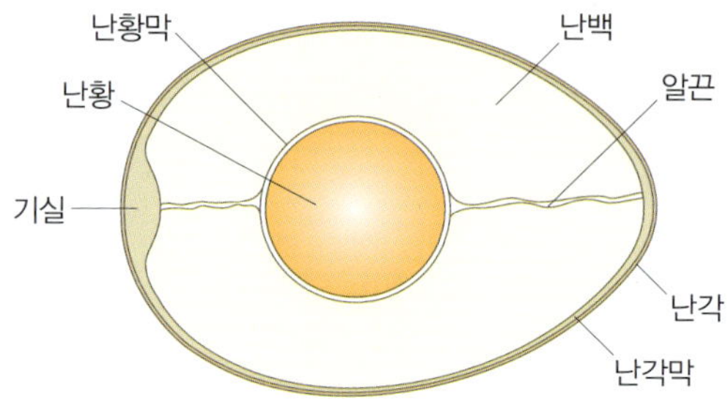

그림 12-1 달걀의 구조

1) 난각

난각egg shell은 달걀의 10~12% 정도를 차지하며 두께가 약 0.3mm의 다공질로 수분증발과 이산화탄소 배출이 이 기공을 통하여 일어난다.

산란 직후의 달걀은 산란 시 분비물이 달걀 표면을 덮어 외부와의 공기를 일시적으로 차단하여 세균의 침입을 방지하나 시간이 지나면서 이 물질은 건조되어 차단효과가 떨어진다. 신선한 달걀의 껍질이 까끌까끌한 것은 큐티클cuticle이라고 하는 얇은 물질로 덮여 있기 때문이다.

난각은 약 94%의 탄산칼슘$CaCO_3$으로 이루어져 있으며, 탄산마그네슘과 인산칼슘이 각각 1%, 그 외에 인산마그네슘 및 기타유기화합물 4%로 구성되어 있다. 따라서 사료 중 칼슘이 부족하면 난각의 두께가 얇아지고 약해져서 쉽게 부서지는 원인이 된다.

2) 난각막

달걀 껍질 내부에는 두 겹의 속껍질, 즉 난각막shell membrane이 존재한다. 난각막은 난각의 4~5% 정도를 차지하고 있으며, 주로 케라틴keratin으로 형성되나 뮤신mucin과 알부민albumin도 함유하고 있다. 밀착한 백색의 투명한 막이 두 개의 층으로 구성되어 있는데, 이 막은 박테리아가 달걀 내부로 침투하는 것을 막고 달걀의 내용물을 보호해 주는 역할을 한다. 시간이 지나면 달걀의 수분 증발이 일어나 내용물이 냉각 수축되어 두 개의 막이 분리되고, 달걀의 둥근 부분 끝 쪽에 공간이 형성되는데, 이것을 기실air cell이라고

한다. 기실은 시일이 경과함에 따라 증대하므로 기실의 크기는 달걀의 신선도 측정에 이용된다.

3) 난백

난백egg white은 달걀의 55~60% 정도를 차지하며, 점도가 높고 질은 농후난백thick albumen과 점도가 낮고 묽은 수양난백thin albumen으로 구성되어 있다. 농후난백은 점도가 높은 특수한 망상구조로 형성되어 있어서 미생물 침입을 막아 준다. 달걀이 신선하고 품질이 좋을수록 농후난백이 많으며 오래된 것은 난백이 묽어진다. 수양난백은 외부 수양난백과 내부 수양난백으로 구분할 수 있다.

4) 난황

난황egg yolk은 달걀의 약 36%를 차지하고 있으며 수분과 고형물로 이루어져 있다. 고형물 중 단백질이 1/3이고, 나머지는 지질로 구성된다. 난황은 탄력 있는 비텔린막vitelline membrane에 싸여 알끈으로 고정되어 있으나 시간이 경과함에 따라 이 난황막은 약해져 터지기 쉽다.

5) 알끈

알끈chalaza은 난백의 변성물로, 난황을 중앙에 고정하는 역할을 하기 때문에 단단한 알끈은 신선한 달걀의 지표가 된다.

3. 난류의 성분

난백은 약 88% 정도가 수분이고 그 외에 주된 구성 성분인 단백질은 약 10% 정도이다. 난황은 약 52%가 수분이고 그 외에 지질과 단백질로 구성되어 있다.

1) 단백질

(1) 난백단백질

① 오브알부민

오브알부민ovalbumin은 난백의 가장 중요한 단백질이며, 난백단백질의 2/3를 차지하고 있는 당단백질로 소화가 쉽다. 64~67℃의 열에 의해 쉽게 응고된다.

② 콘알부민

콘알부민conalbumin은 난백단백질의 약 10% 정도를 차지하며 55~60℃의 열에 의해 쉽게 응고한다. 철Fe, 아연Zn, 알루미늄Al 등의 금속이온과 강하게 결합한다. 난백단백질 중 열에 가장 불안정한 단백질로 변성이 쉽게 일어나 난백의 기포성을 약화시킨다.

③ 오보뮤코이드

오보뮤코이드ovomucoid는 난백단백질의 11% 정도를 차지하고 있다. 열에 의해 응고하지 않으며, 단백질 분해효소인 트립신trypsin의 활성을 감소시키므로 트립신 저해물질이라고도 한다. 난백의 기포성 인자이다.

④ 오보글로불린

오보글로불린ovoglobulin은 난백단백질의 8.0~8.9% 정도를 차지하며 약 65℃의 열에 의해 응고한다. 오보글로불린을 저으면 거품이 이는 성질이 있어 난백의 거품 형성에 중요한 역할을 한다. 오보글로불린 G_1은 라이소자임lysozyme으로 난백 중 0.4% 정도 존재하며, 특정한 세균을 용해시키는 성질을 가지고 있어 달걀의 신선도를 유지해 준다. 신선한 난백의 오보뮤신과 그 밖의 단백질이 결합하여 농후난백의 고점도 특수망상구조를 형성하는 골격의 역할을 한다.

⑤ 오보뮤신

오보뮤신ovomucin은 난백단백질의 2.0~3.5%를 차지하는 불용성 단백질로, 물에 잘 녹지 않고 농후난백의 텍스처에 관여한다. 난백 기포의 안정화에 기여한다.

⑥ 아비딘

아비딘avidin은 난백 단백질의 0.5~0.6%를 차지하고, 비타민 B 복합체의 일종인 비오틴biotin과 결합하여 비오틴 활성을 감소시킨다. 그러나 열에 쉽게 변성되므로 85℃에서 5분간 가열하면 완전히 소실된다.

(2) 난황단백질

난황은 고형분 중 단백질이 33%로, 이 중 인단백질인 비텔린vitellin, 비텔리닌vitellinin에 지질이 결합된 형태인 리포비텔린lipovitellin과 리포비텔리닌lipovitellinin의 함량이 가장 많다. 리포비텔린과 리포비텔리닌은 인지질인 레시틴과 결합된 인단백질로 유화성을 나타낸다. 이외에 철을 운반하는 기능을 가진 포스비틴phosvitin이 약 15%, 난황 효소의 대부분을 차지하고 있는 글로불린에 속하는 수용성 단백질인 리베틴livetin이 약 10% 정도 함유되어 있다.

2) 지질

난백은 지질함량이 0.05% 정도로 극히 미량이며 대부분 단백질과 결합되어 있다. 난황은 난백보다 지질과 단백질이 많고 수분이 적어 열량이 높다. 난황에 포함된 지질의 약 33%가 인지질이며, 그중 레시틴lecithin이 58%, 세파린cephalin이 42%를 차지한다. 난황의 지질은 소화율이 98% 정도이다.

3) 탄수화물

난백이나 난황에는 약 1% 정도의 탄수화물이 함유되어 있다. 난백 중의 당질은 포도당glucose, 만노오스mannose, 갈락토오스galactose 등이고, 난황도 거의 같은 종류이며 포도당이 주된 성분이다. 이들 당류는 대부분 유리되어 있지만 약하게 결합되어 있는 것도 있다. 단백질과 작용하여 메일라드 반응maillard reaction을 일으켜 갈변의 원인이 된다.

4) 비타민

달걀 내에는 비타민 C를 제외하고 모든 비타민이 풍부하게 함유되어 있다. 비타민은 주로 난황에 많고, 난황은 비타민 A의 우수한 급원이며, 난백에는 비타민 B_2가 많다.

5) 무기질

달걀의 무기질 성분은 주로 인P과 유황S이며, 난황은 철Fe의 우수한 급원이다. 그 외 나트륨Na, 마그네슘Mg, 칼슘Ca 등이 함유되어 있다. 특히 난황 중에 함유된 철은 황화수소와 결합하여 녹변의 원인이 된다.

4. 난류의 조리적 특성

난류의 조리적 특성에서는 대표적 난류인 달걀에 관하여 설명하였다.

1) 기포 형성성

난백을 교반하면 공기가 액체 속으로 들어가 기포가 형성되는데 이러한 성질은 질감을 가볍고 부드럽게 하거나, 큰 결정이 형성되는 것을 방지하고자 할 때 이용된다. 난백의 기포는 케이크를 만들 때는 팽창제로 이용되며, 셔벗이나 캔디를 만들 때는 결정 형성을 방해하는 간섭제로 이용되어 미세한 결정의 제품을 만들게 된다. 난백은 교반을 오래할수록 기포막이 두꺼워지고 탄력이 있어 안정한 상태가 되나, 지나치면 이황화결합disulfide bond(-S-S-)이 증가되어 오히려 탄력성이 떨어지고 단단해져 팽창성이 저하된다. 기포 형성에는 오보뮤신, 오보글로불린, 콘알부민이 관여한다. 오보뮤신은 막을 형성하여 거품을 안정화시키고, 오보글로불린은 점성이 높고 표면장력을 낮추어 주므로 기포 형성능력이 크다. 또한 콘알부민은 열에 가장 불안정한 난백단백질이므로 쉽게 변성이 일어나 난백의 기포성을 약화시킨다. 난백의 기포성에 영향을 미치는 요인은 난백의 종류와 온도, 교반하는 방법, 첨가물 등이다.

(1) 난백의 종류와 온도

신선한 달걀보다 오래된 달걀은 수양난백이 많아 점도가 낮기 때문에 거품이 쉽게 일어나지만 거품의 안정성은 농후난백이 좋다. 난백의 온도가 낮으면 점도가 높아 거품을 일으키기 어려우나, 일단 거품이 생기면 안정되고 탄력 있는 거품이 형성된다. 반면 온도가 높아지면 표면장력은 낮아지고 점도가 떨어지기 때문에 기포력이 증진되므로 냉장온도에서보다 30℃ 전후에서 쉽게 거품이 일어나나 기포의 안정성은 다소 낮다.

(2) 교반하는 방법

교반을 강하게 할수록 기포력이 크며, 교반기의 날이 가늘수록 미세하고 안정된 기포가 생긴다.

(3) 첨가물

난백단백질은 등전점인 pH 4.8에서는 용해도가 적고 점도가 낮아져 교반하기 쉬우므로 기포력이 커진다. 거품을 낼 때 레몬즙이나 주석산, 구연산, 아세트산 등을 첨가하면 난백의 pH가 저하되어 등전점과 가까워지기 때문에 기포 형성과 안정성에 도움을 준다.

소량의 식염은 난백단백질에 탄력성을 주므로 기포벽이 잘 늘어나 부풀어 오르게 되어 기포 형성에 도움을 준다. 그러나 너무 많이 첨가하면 기포벽의 탄력성이 저하되어 오히려 방해요소가 된다.

설탕을 첨가하면 난백단백질의 점도를 증가시켜 기포성을 저하시키나 일단 기포를 형성한 후 서서히 설탕을 첨가하면 기포막을 부드럽게 하는 동시에 기포를 섬세하게 만들어 주고 안정성을 준다.

물을 첨가하면 거품의 용적은 증가하지만 안정성은 저하된다.

난백을 교반할 때 지질이 소량이라도 존재하면 기포 형성을 방해하고 안정성을 저하시킨다. 따라서 난백에서 노른자를 분리할 때 노른자가 들어가면 노른자 중의 지질에 의해 기포성이 저하되므로 주의한다.

여기서 잠깐!

기포형성단계는 어떻게 구분하나?

기포가 생성되는 정도와 용도에 따라 4단계로 구분한다.

- 1단계(foamy) : 굵은 기포로서 약하게 교반하여 거품의 수는 적지만 기포가 크고 균일하다. 투명하고 유동성이 커서 흐른다. 소금이나 향료, 식초 등을 첨가하여 달걀찜, 튀김옷, 국물의 청정제 등으로 이용된다.

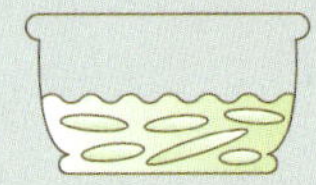

- 2단계(soft peaks) : 부드러운 기포로 기포는 작아지고 하얗게 변하며 잠깐 방치하면 약간의 액체가 밑에 보이고 기울이면 천천히 흐른다. 외관은 단단함과 탄력이 있으며 교반기를 들어 올리면 난백이 따라오고 둥근 봉우리를 만든다. 덜 안정적이긴 하나 기포력이 최고인 상태이다. 스펀지케이크, 엔젤케이크, 퍼피 오믈렛, 소프트 머랭 등을 만들 때 이용된다.

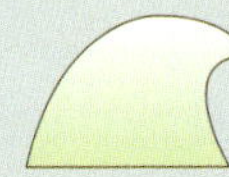

- 3단계(stiff peaks) : 단단한 기포로 매우 미세하고, 흰색으로 탄력성이 크다. 그릇을 거꾸로 해도 흐르지 않으며 안정적이고, 기포는 똑바로 서는 봉우리를 만든다. 교반기를 들어 올렸을 때 끝만 약간 꼬부라지며 윤기가 있다. 수플레, 오믈렛, 하드 머랭, 아이스크림 등을 만들 때 이용된다.

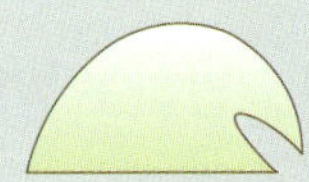

- 4단계(dry peaks) : 기포가 단단하지만 탄성이 없고, 교반기를 들어 올렸을 때 끝이 뾰족하게 유지되나 기포의 광택도 부족하며 건조한 느낌의 백색으로 된다. 거품을 너무 오래 쳐서 안정적이지 않고 시간이 지나면 바닥에서 천천히 액체가 분리되어 다른 식재료와 잘 섞이지 않는다. 신선한 달걀을 이용할 때에는 이 단계까지 젓지 않아도 되지만 분말달걀을 이용할 경우 이 단계까지 기포를 낸 후 사용해야 한다.

2) 유화성

달걀의 노른자는 천연 유화제로서 레시틴과 세팔린 등의 인지질을 포함하고 있으며, 이러한 유화성을 이용하여 마요네즈, 샐러드드레싱, 케이크 등을 만든다. 난황의 유화성은 지단백질인 레시틴과 단백질이 결합한 레시토프로테인lecithoprotein에 의해 형성된다. 레시토프로테인은 친수기와 친유기를 함께 가지고 있어 물과 기름의 계면장력을 낮추고 유화과정에서 표면 변성을 일으켜 분산상의 계면 보호막이 되어 유화액의 안정성을 유지해 준다.

5. 난류의 조리에 의한 변화

1) 가열에 의한 변화

달걀을 가열하면 단백질이 변성되어 유동성을 잃고 응고되는데 이를 달걀의 열 응고성이라고 한다. 달걀의 열 응고성을 이용하여 조리한 음식 중 크로켓이나 전, 만두 등은 음식의 형태를 유지시키는 결착제로 이용된 것이고, 달걀찜, 소스, 푸딩 등은 음식을 걸쭉하게 만들어 주는 농후제로 이용된 것이다. 콘소메 등과 같이 맑은 수프는 난백이 응고하면서 육수의 부유물질을 흡착하는 청정제로 이용된 것이다. 달걀의 열 변성은 60~80℃에서 일어나며, 난백과 난황의 응고온도가 다르다. 이러한 달걀의 가열에 의한 응고는 가열온도와 시간, 첨가물, 농도 등에 따라 변한다.

(1) 가열온도와 시간

난백은 55~57℃에서 응고되기 시작하여 60℃ 근처에서 반투명하게 변하면서 65℃에서는 완전히 응고된다. 그러나 난황은 흰자보다 높은 온도인 65℃ 부근에서 응고를 시작하여 70℃에서 완전히 응고된다. 난황과 난백의 단백질 조성에 차이가 있고, 난백의 수분함량이 노른자보다 많아서 열 전달력이 더 좋기 때문에 난백이 난황보다 더 낮은 온도에서 응고한다.

달걀의 응고속도는 온도가 높을수록 빨라지는데, 고온에서 가열할수록 응고되는데 걸리는 시간은 짧으나 단단하고 질겨지기 쉽다.

달걀을 완숙시키기 위해 걸리는 시간은 가열온도에 따라 다른데, 98~100℃에서 12분, 85~90℃에서 25~35분, 70℃에서 90분이 필요하다.

또한 달걀을 오랜 시간 가열하면 난백에 들어 있는 황이 황화수소를 형성하고 난황에 있는 철과 결합하여 황화제1철ferrous sulfide, FeS을 형성하여 난황의 표면이 녹색을 띠게 된다. 가열온도가 높고 가열시간이 길며 알칼리 환경일수록 황화제1철이 많이 생성되며, 오래된 달걀일수록 신선한 달걀보다 pH가 높아져 알칼리화되기 때문에 황화수소가 더 쉽게 발생한다. 그러므로 달걀의 신선도를 조절하여 pH 4.5 이하로 유지하도록 하고, 달걀을 삶고 난 후 즉시 찬물에 담그면 난백 쪽의 압력이 저하되어 생성된 황화수소가 외부로 이동하므로 황화제1철이 거의 생성되지 않는다. 그러나 끓는 물에서 30분 이상 가열하면 냉수에 즉시 넣어도 황화제1철이 형성된다.

(2) 첨가물

단백질은 등전점에서 가장 쉽게 응고한다. 난백의 주요 단백질인 오브알부민의 등전점은 pH 4.8 부근이므로 산이나 산성식품을 첨가하여 등전점으로 맞춰주면 응고를 촉진하여 낮은 온도에서도 쉽게 응고된다.

염이 존재하면 열 응고성은 증가되며, 염류의 이온가가 클수록 응고가 잘 일어난다. 소금은 물속에서 해리되어 반대의 이온을 흡착해 전기적으로 중화시켜 쉽게 응고되도록 해주고 낮은 온도에서도 쉽게 응고시켜 준다.

우유는 우유 중의 칼슘이온에 의해 응고가 촉진되며, 양이온가가 높을수록 응고가 잘 일어난다.

설탕은 연화작용으로 인해 열 응고를 지연시키며, 설탕의 첨가량이 많아질수록 응고물은 연하고 기공이 적으며 매끄럽다. 예를 들어, 달걀찜을 할 때 설탕을 넣으면 매우 부드러운 조직감의 달걀찜을 만들 수 있다.

(3) 달걀의 농도

달걀의 농도가 높을수록 응고온도가 낮고 단단하다. 물을 넣어 희석하면 응고성이 감소하여 응고 온도는 높아지나 질감은 부드러워진다.

2) 저장에 의한 변화

달걀을 저장하는 동안 달걀의 품질에 여러 가지 변화가 나타난다.

(1) 물리적 변화

① 농후난백의 수양화

산란 직후 농후난백과 수양난백의 비율은 약 6:4이다. 그러나 시간이 지날수록 농후난백의 점도가 저하되면서 묽어져 농후난백의 양이 감소한다.

여기서 잠깐!

달걀의 신선도를 판정하는 방법은?

달걀의 신선도를 판정하기 위해서는 간이검사법과 할란판정법이 있다.

(1) 간이검사법

- 외관판정법 : 달걀 껍질이 꺼칠꺼칠하면서 광택이 없고 형태가 타원형인 것이 신선한 달걀이다.
- 진음법 : 달걀을 흔들면 신선한 것은 내용물이 꽉 차 있어서 소리가 나지 않는다.
- 설감법 : 신선한 것은 기실이 있는 쪽에 혀를 대면 따뜻하다.
- 투시검난법 : 빛에 비추어 투명하면 신선한 것이고, 검은 빛을 띠며 불투명하면 오래된 것이다.
- 비중법 : 10%의 소금물에 달걀을 껍질 채 넣으면 신선한 달걀의 비중은 1.08~1.09로 밑바닥에 수평으로 가라앉으나 오래될수록 기실이 커지면서 비중이 감소하기 때문에 달걀이 위로 뜨게 된다.

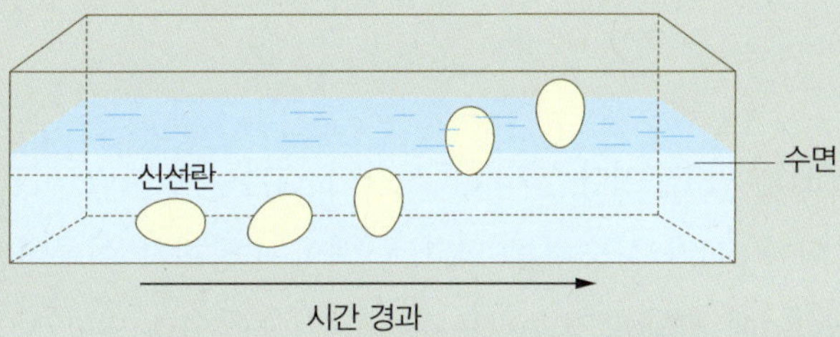

그림 12-2 비중에 의한 달걀의 신선도 판정

(2) 할란판정법

달걀을 깨뜨려 난백과 난황의 상태를 평가한다.

- 난백계수와 난황계수 : 난백계수는 달걀을 편평한 그릇 위에 깨뜨린 후 난백의 가장 높은 부분의 높이를 평균 직경으로 나눈 것을 말하며, 난황계수는 편평한 그릇 위에 달걀을 깨뜨렸을 때 난황의 높이를 직경으로 나눈 값을 말한다. 신선한 달걀의 난백계수는 0.14~0.17, 난황계수는 0.36~0.44로 오래될수록 난황계수가 작아진다.

  난백계수 = 난백의 가장 높은 부분의 높이(mm)/난백의 평균 직경(mm)

  난황계수 = 난황의 가장 높은 부분의 높이(mm)/난황의 평균 직경(mm)

- 호우단위(Haugh unit, HU) : 호우단위는 난백의 질을 측정하기 위하여 가장 보편적으로 이용되는 평가방법으로, 달걀 무게에 대한 농후난백의 높이를 측정하는 것이다. 난백의 질이 떨어질수록 호우단위는 줄어들게 된다. 난백의 높이(mm)를 H, 달걀의 무게(g)를 W로 했을 때,

$$HU= 100 \log(H-1.7W0.37+7.6)$$

  우리나라에서는 호우단위 72 이상이면 A등급, 60~72 미만 B등급, 40~60 미만이면 C등급, 40 미만이면 D등급이다.

② 기실의 확대

달걀을 저장할수록 껍질에 있는 작은 구멍을 통하여 수분과 이산화탄소가 증발하기 때문에 기실이 커지고 비중이 가벼워진다.

③ 난황계수의 감소

산란 후 시간이 지날수록 달걀의 수분이 난황막을 통해 난백에서 난황으로 이동하여 난황계수가 저하되며, 난황막이 늘어나 약해지므로 깨뜨릴 때 넓게 퍼지거나 터지기 쉽다.

(2) 화학적 변화

신선한 난백의 pH는 약 7.6이다. 그러나 시간이 경과함에 따라 이산화탄소와 수분이 기공을 통해 증발되어 pH가 상승하게 되고, 난백의 수양화가 이루어진다. 신선한 난황의 pH는 약 5.9~6.1인데 시일이 경과하면 증가하여 pH 6.8로 되고, 난황 역시 수양화가 이루어져 저장기간이 길수록 깨뜨려 보면 난백과 난황이 많이 퍼지는 것을 볼 수 있다.

6. 난류의 조리 및 이용

1) 삶은 달걀

달걀을 충분히 잠길 정도의 찬물에 넣고 물이 끓기 시작하면 중불로 끓인다. 반숙은 끓는 물에서 6~8분, 완숙은 끓는 물에서 10~12분 정도 삶는다.

부엌 둘러보기

껍질이 깨지지 않게 달걀을 삶으려면?

냉장고에서 꺼낸 달걀을 그대로 삶으면 깨지는 경우가 많다. 급격한 온도 변화는 달걀 내부의 팽창을 일으키며, 특히 껍질과 난각막 사이의 공기가 한 번에 팽창하기 때문에 껍질이 깨지기 쉽다. 따라서 달걀을 삶을 때 미리 달걀을 꺼내 실온과 비슷하게 해둔다.

2) 수란

수란poached egg은 달걀을 깨어 수란기에 담거나 85℃ 정도의 뜨거운 물에 넣어 온도를 유지시키면서 난백이 응고될 때까지 약 4~6분간 익힌 것이다. 수란을 만들 때 소량의 식초나 소금을 첨가하면 난백의 응고를 돕는다.

3) 달걀 프라이

달걀 프라이fried egg는 기름을 두른 팬에 익힌 것으로, 익히는 정도에 따라 여러 종류의 명칭이 있다.

써니 사이드 업sunny side up은 뒤집지 않고 한쪽 면의 흰자는 익고 노른자는 익지 않은 상태를 말한다. 오버 이지over easy는 흰자가 75% 정도 익었을 때 뒤집는데, 흰자가 완전히 익을 때까지 가열하지만 노른자는 익지 않은 상태이다. 오버 미디움over medium은 오버 이지와 같은 방법이지만 노른자가 부분적으로 익은 상태이다. 오버 하드over hard는 오버 이지와 같은 방법이나 노른자가 완전히 익은 상태를 말한다.

4) 달걀찜

달걀찜은 달걀을 잘 풀어 쪄 낸 것으로, 가열온도가 높을수록 빨리 응고되나 단단하고 질겨진다. 중탕하는 경우 물의 온도는 85~90℃가 좋으며 달걀을 풀 때 가능한 한 거품을 일으키지 않도록 한다.

5) 커스터드

커스터드custard는 달걀에 우유와 설탕을 넣어 중탕으로 찌거나 오븐에 구워 낸 것이다.

6) 스크램블드 에그

스크램블드 에그scrambled egg는 달걀을 풀어 우유나 크림과 적당량 섞은 후 기름을 두른 팬에 붓고 저으면서 익혀 낸 것이다. 팬의 온도가 너무 뜨거우면 질겨질 수 있으므로 부드럽고 촉촉하게 만들려면 팬의 온도를 잘 조절해야 한다.

7) 오믈렛

오믈렛omelet은 거품을 일으키지 않는 오믈렛(plain)과 거품을 많이 일으켜 만드는 오믈렛(foamy, puffy)이 있다. 달걀에 우유, 크림, 채소 등을 넣어 만들 수도 있다.

8) 머랭

난백을 저어 부드러운 거품을 만든 후 설탕을 넣으면서 굳은 거품이 되도록 한 것을 머랭meringue이라고 한다. 부드러운 머랭은 파이나 푸딩을 만들 때 이용되고, 단단한 머랭은 바삭바삭한 쿠키 등을 만들 때 이용된다.

9) 수플레

수플레soufflé란 '부풀다'라는 뜻의 프랑스어로, 난백 거품을 낸 후 기타 재료를 넣어 오븐에 구운 요리이다.

실험 12-1	처리방법을 달리하여 가열한 달걀의 응고 상태 비교	실험일시

1. 실험목적

처리방법을 달리하여 가열한 달걀의 난황과 난백을 비교·관찰하여 가열시간 및 사후처리가 달걀의 응고 상태에 미치는 영향을 이해한다.

2. 재료 및 분량

달걀 12개

3. 실험기구

- 계량기구 : 계량컵, 타이머
- 일반기구 : 온도계, 냄비

4. 실험방법

① 물 9C과 달걀 6개씩 넣은 냄비 두 개를 각각 준비하여 가열한다.

② 한 냄비가 100℃가 되면 1분 가열하여 2개(A)를 꺼내어 냉수에 담그고, 3분이 지나면 2개(B)를 더 꺼내어 냉수에 담근다. 12분이 지나면 나머지 2개(C)를 꺼내어 냉수에 담근다.

③ 다른 한 냄비는 100℃가 되면 3분 가열하여 2개(D)를 꺼내어 실온에 방치하고, 12분 가열하여 2개(E)를 꺼내어 실온에 방치한다. 24분이 지나면 나머지 2개(F)를 꺼내어 실온에 방치한다.

④ 각 시료의 처리방법과 사후 처리에 맞게 처리한 달걀은 껍질을 벗기고 반으로 잘라 관찰한다.

시료	처리방법	후처리
A	100℃에서 1분 가열	냉수에 담금
B	100℃에서 3분 가열	
C	100℃에서 12분 가열	
D	100℃에서 3분 가열	실온 방치
E	100℃에서 12분 가열	
F	100℃에서 24분 가열	

5. 실험결과

시료	응고 상태[1]	
	난백	난황
A		
B		
C		
D		
E		
F		

[1] 응고 상태를 묘사분석한다.

실험 12-2	달걀의 부위에 따른 커스터드 응고 상태	실험일시

1. 실험목적

사용되는 달걀의 부위가 커스터드의 품질에 미치는 영향을 이해한다.

2. 재료 및 분량

시료	달걀 부위	우유(C)	설탕(Tbsp)	소금	바닐라향료(tsp)
A	전란 1개(60g)	1	2	약간	1/2
B	노른자 2개(60g)				
C	흰자 2개(60g)				

3. 실험기구

- 계량기구 : 계량컵, 계량스푼, 타이머
- 일반기구 : 팬, 커스터드 컵

4. 실험방법

① 우유를 뜨겁게 데운다.

② 설탕, 소금, 그리고 각 시료에 제시된 알맞은 양의 달걀과 더운 우유를 조금씩 넣어 잘 섞는다.

③ 향료를 넣고 커스터드 컵에 붓고 뜨거운 물이 든 팬에 커스터드 컵을 넣는다.

④ 180℃ 되는 오븐에서 30~40분간 중심부가 응고할 때까지 구워 낸다.

⑤ 제조한 커스터드의 외관, 부드러운 정도, 맛을 비교한다.

5. 실험결과

시료	부드러운 정도[1]	외관[2]	맛[3]
A			
B			
C			

[1] 부드러운 정도를 순위법으로 평가한다(가장 부드러운 것이 1순위).

[2] 외관은 색 등을 묘사분석한다.

[3] 맛에 대해 묘사분석한다.

실험 12-3	재료 배합에 따른 달걀찜의 품질 비교	실험일시

1. 실험목적

재료 배합을 달리하여 달걀찜을 제조한 후 외관, 부드러운 정도, 맛, 유출액량을 비교함으로써 달걀찜의 성상에 미치는 영향을 이해한다.

2. 재료 및 분량

시료	달걀(개)	소금(g)	물(Tbsp)	우유(Tbsp)	설탕(g)
A	1	1	8	–	–
B					6
C			–	8	–
D					6

3. 실험기구

- 계량기구 : 계량스푼, 전자저울, 타이머, 눈금 실린더
- 일반기구 : 찜통, 온도계, 체

4. 실험방법

① 달걀을 잘 풀어서 체에 걸러 놓는다.

② 각 시료의 배합비율에 맞게 재료를 배합하여 잘 섞어 놓는다.

③ 한 찜통에 위의 시료들을 넣고 찜통 내부 온도가 85~90℃가 되도록 조절해서 20분간 쪄 낸다.

④ 위의 시료들을 접시에 담은 후 응고물의 외관, 부드러운 정도, 맛, 유출액량을 관찰한다.

tip 실험조건을 동일하게 하기 위해 각 시료들을 한 찜통에 넣고 찐다.

5. 실험결과

A와 B 시료 비교, C와 D 시료 비교, A와 C 시료 비교, B와 D 시료를 비교한다.

시료	첨가물	외관[1]	부드러운 정도[2]	맛	유출액량(mL)
A	소금, 물				
B	소금, 물, 설탕				
C	소금, 우유				
D	소금, 우유, 설탕				

[1] 외관은 색과 기포 등을 묘사분석한다.

[2] 달걀찜을 시식한 후 부드러운 정도를 순위법으로 평가한다(가장 부드러운 것이 1순위).

실험 12-4	첨가물에 따른 난백 기포의 안정성 비교	실험일시

1. 실험목적

첨가물에 따라 난백 기포의 부피, 유출액량, 외관의 변화 양상을 관찰하여 첨가물이 난백 기포의 안정성에 미치는 영향을 이해한다.

2. 재료 및 분량

시료	난백(개)	첨가물
A	1	물 2Tbsp
B		파우더 슈거 2Tbsp
C		주석산 1/4tsp
D		소금 1/2tsp

3. 실험기구

- 계량기구 : 계량스푼, 비커, 눈금 실린더, 깔때기, 타이머
- 일반기구 : 포일

4. 실험방법

① 각 실험 조건마다 난백 1개씩을 큰 거품이 날 때까지 젓는다.

② ①에 각종 첨가물을 넣어 부드러운 기포 단계까지 저어 처음 부피, 30분 후의 부피, 유출액량, 외관 등을 관찰한다.

③ 거품 낸 난백을 같은 크기의 비커에 넣어 부피를 비교한다.

④ 유출액량은 30분 후 기포 부피를 관찰한 후 실린더에 얹은 깔때기에 넣고 마르지 않게 뚜껑(포일)을 덮고 1시간 후에 아래로 내려온 액량을 관찰한다.

5. 실험결과

시료	첨가물	기포 부피		30분 후 유출액량(mL)	외관[1]
		교반 직후	교반 30분 후		
A	물 2Tbsp				
B	파우더 슈거 2Tbsp				
C	주석산 1/4tsp				
D	소금 1/2tsp				

[1] 기포의 외관에 대해 묘사분석한다.

실험 12-5	가열 기구에 따른 머랭의 품질 비교	실험일시

1. 실험목적

가열 기구를 달리하여 만든 머랭의 품질을 비교함으로써 적합한 기구를 선택할 수 있도록 한다.

2. 재료 및 분량

난백 2개, 설탕 1/4C

3. 실험기구

- 계량기구 : 계량컵, 타이머
- 일반기구 : 교반기, 기타 조리기구

4. 실험방법

① 난백의 거품을 단단하게 쳐서 설탕을 뿌려 섞고 다시 거품기로 쳐서 머랭을 만든다.

② ①의 머랭을 2등분(A, B)한다.

③ 시료 A는 오븐용 팬에 머랭을 4cm 두께로 담은 후 190℃ 오븐에서 5~7분간 구어 엷은 갈색이 될 때까지 가열한 후 20분간 식혀서 관찰한다.

④ 시료 B는 전자레인지용 그릇에 머랭을 4cm 두께로 얹어 전자레인지를 약하게 조절하여 2분간 조리하여 관찰한다.

tip 두 시료의 용기 크기가 같아야 비교가 용이하다.

5. 실험결과

시료	가열 기구	머랭의 외관[1]
A	오븐	
B	전자레인지	

1) 머랭의 외관을 묘사분석한다.

CHAPTER

13

우유 및 유제품

1. 우유의 성분 2. 우유의 조리에 의한 변화 3. 우유 가공품

13

식용으로 하는 동물의 젖은 우유, 산양유, 양유, 낙타유, 등이 있으나 이중 우유를 가장 많이 이용하며, 동물의 종류에 따라 성분의 차이가 있다. 우유는 영양적으로 우수하여 거의 완전식품에 가깝지만, 철, 비타민 C, 식이섬유는 부족하다.

1. 우유의 성분

우유는 수분 87~88%, 탄수화물 4.8~4.9%, 지질 3.4~3.7%, 단백질 3.2~3.3%, 무기질 0.5~1.1%를 함유한다. 그러나 소의 품종, 연령, 건강 상태, 착유 시기, 사료, 계절 등에 따라 성분이 다를 수 있다. 특히 지질과 단백질은 중량의 차이가 비교적 많이 나는 영양소이다.

1) 탄수화물

우유의 주된 탄수화물은 포도당과 갈락토오스가 결합된 유당인데, 일반적으로 당류 중 감미도가 가장 낮고 물에 대한 용해도가 낮다. 아이스크림과 같은 가공식품에 많이 사용하면 용해도가 낮아 결정이 형성되어 거친 질감을 나타낸다.

유당은 인체에서 정상적으로 소화, 흡수되지 못하고 장내 세균에 의해 분해되어 가스를 생성하거나 설사, 복통을 일으키기도 하는데 이 증상을 유당불내증lactose intolerance이라고 한다. 이런 증세가 있는 사람은 우유를 조금씩 나누어 마시거나, 유당함량을 낮추거나 제거한 발효 유제품, 숙성 치즈를 먹으면 도움이 된다.

유당은 인체에 중요한 당으로 에너지 급원일 뿐만 아니라 우유 중의 칼슘 흡수를 촉진시키고, 장내 유산균의 발육을 왕성하게 하여 다른 잡균의 번식을 억제한다.

2) 단백질

우유 단백질 중 카제인casein은 우유단백질의 76~86%를 차지하며, 유청단백질whey protein은 14~24% 정도이다. 성장과 유지에 필요한 적절한 양의 아미노산을 함유하고 있는 단백질이다.

카제인은 산이나 레닌rennin, 염, 페놀화합물에 의해 응고되나 열에 안정한 인단백질이다. α, β, κ, γ 카제인으로 구성되며 물에 잘 녹지 않는 성질 때문에 식품가공 시 나트륨염의 형태인 카제인나트륨으로 안정제, 유화제, 겔 형성제 등으로 사용된다.

유청단백질은 산에 응고되지 않는 단백질로 열을 가하면 쉽게 응고되어 침전된다. 우유를 냄비에 넣고 가열하였을 때 냄비 바닥에 눌어붙어 응고 침전된 것이 바로 유청단백질이다.

3) 지질

대부분이 중성지방이며, 지방산 구성은 포화지방산이 66%, 단일 불포화지방산이 30%, 다가 불포화지방산이 4%로 되어 있다. 구성 비율이 높은 저급 지방산은 융점이 낮아 소화, 흡수가 잘되며 우유와 유제품의 독특한 풍미를 제공하나, 유리지방산이 생성되면 이취off flavor를 일으켜 품질이 떨어지는 원인이 된다. 우유의 지방은 특유의 유화 상태 때문에 우유의 맛과 입안에서의 부드러운 느낌, 가공 유제품의 안전성에 영향을 주며, 우유의 품질을 결정한다.

우유에 압력을 가하여 작은 구멍으로 통과시켜 지방구를 미세하게 처리하는 균질화과정은 유지방을 골고루 분산시켜 크기가 큰 지방구가 크림층을 형성하는 것을 방지할 수 있다. 균질화 과정을 거치면 우유의 촉감이 부드러워지고 성분이 균일해져 소화·흡수가 잘된다. 그러나 균질화된 우유는 지방구의 표면적이 커져 산패되기 쉬운 단점이 있다.

4) 비타민

우유에는 비타민 C를 제외한 각종 비타민이 비교적 풍부하게 함유되어 있으나 간단한 열처리에도 쉽게 파괴된다. 지용성 비타민은 젖소의 사료에 따라 함유량이 달라지는데, 비타민 A는 녹색 풀을 먹고 자란 젖소의 우유가 건초를 먹고 자란 젖소의 우유보다 더 풍부하다. 전유, 크림, 버터 등은 비타민 A의 좋은 급원이나 비타민 D는 소량 함유되어 있어 비타민 D를 강화하기도 한다. 비타민 B_2는 열처리에도 비교적 안정하여 좋은 급원이 되나 광선에 예민하므로 저장 시 주의하여야 한다.

유아용 조제분유에는 우유에 부족한 비타민이 강화되어 있다. 특히 비타민 C를 첨가하게 되면 우유 지방의 산화를 억제하고 산화취의 발생을 억제하는 데 효과가 있다.

5) 무기질

철과 구리를 제외한 대부분의 무기질이 골고루 함유되어 있으며 우유 중 총 무기질함량은 모유의 3배 정도 많고, 칼슘과 인의 비율은 2:1로 적절하게 분포되어 있다. 무기질의 일부는 용해되어 진용액으로 존재하고 일부는 우유 단백질과 결합하여 지방구에 흡착되어 있다. 우유에 함유된 무기질은 유제품의 응고, 크림의 분산성 등에 관여한다.

6) 색소 성분

우유의 유백색은 카제인과 인산칼슘이 콜로이드 용액으로 분산된 것이 광선에 반사되어 형성된 것이며, 유백색 및 연한 황색은 카로티노이드 색소와 비타민 B_2가 함유되어 있기 때문이다. 유지방 중의 지용성 카로틴은 우유의 색에 영향을 주어 유지방이 제거된 무지방 우유는 유백색 및 연한 황색이 나지 않는다.

7) 향미 성분

신선한 우유에서 느껴지는 냄새는 아세톤acetone, 아세트알데하이드acetaldehyde, 다이메틸설파이드dimethyl sulfide, 탄소수가 적은 지방산들, 락톤lactone 같은 저분자 화합물에 의해 생성된다. 우유를 지나치게 가열하면 락토알부민lactoalbumin 중 황화수소가 발생하여 불쾌한 냄새가 생성되며, 영양소가 파괴되기 때문에 불필요한 가열을 하지 않는 것이 좋다.

8) 기타 성분

우유의 불쾌한 냄새를 생성하는 효소(alkaline phosphatase)는 모두 살균과정 동안 불활성화되는데, 병원균의 사멸온도와 효소의 불활성화 온도가 동일하여 살균이 충분히 일어났는지 확인하기 위해 알칼리성 인산분해효소의 활성도를 측정한다.

2. 우유의 조리에 의한 변화

우유는 음료 외에 여러 가지 음식을 조리하는데 이용되며, 약 80% 내외의 수분과 20%의 고형물로 구성되어 있어서 조리 과정에서 단백질, 색, 향미 등의 변화가 있다.

1) 우유의 가열에 의한 변화

(1) 단백질의 변화

유청단백질인 락토알부민lactoalbumin과 락토글로불린lacatoglobulin은 63℃ 이상 열에 응고되기 시작하여 온도가 상승하면서 락토알부민과 $CaCO_3$이 결합한 응고물이 형성되어 바닥에 침전된다. 우유 중의 염과 지방구는 40℃ 이상으로 가열하면 유청단백질과 결합하여 우유 표면에 얇은 피막이 형성되면서 점차 두꺼워진다. 피막 성분 중 70% 이상이 지방이고, 나머지는 유청단백질이므로 피막을 제거하면 영양 손실이 일어난다. 뚜껑을 덮고 가열하거나 지속적으로 저으면서 가열 또는 중탕을 하면 피막이 생성되지 않는다.

카제인은 보통의 조리온도에서는 응고되지 않으나, 100℃에서 12시간, 135℃에서 1시간, 155℃에서 3분간 가열하면 응고된다. 농축된 연유는 카제인의 함량이 상대적으로 높아 살균처리 시 응고될 수 있는데 서서히 가열한 후 살균하면 어느 정도 방지할 수 있다.

열에 의한 단백질의 응고는 산성에서 촉진되고, 염화물, 황산염, 인산염 등의 염류가 존재할 때 촉진된다.

(2) 색의 변화

우유를 120℃에서 5분 이상 가열하면 수분이 증발하고 유당이 농축되어 캐러멜화caramelization가 일어난다. 또한 농축된 우유의 단백질과 유당 사이에서 아미노-카르보닐 반응에 의한 메일라드 반응maillard reaction으로 멜라노이딘melanoidin이라는 갈색 물질이 생성되는데 이 현상은 가당연유에서 쉽게 일어난다.

(3) 향미의 변화

우유를 75℃ 이상으로 15분 이상 가열하면 독특한 익은 냄새(cooked flavor)가 나는데 이것은 락토글로불린과 지방구의 열변성에 의해 생성된 휘발성황화물과 황화수소에 의한 것이다. 120℃로 가열하면 메일라드 반응에 의해 서서히 캐러멜 냄새로 변하여 빵이나 쿠키 제조 시에는 독특한 향미로 증진된다.

2) 우유의 산에 의한 변화

신선한 우유의 산도(pH 6.6)에서 카제인은 인산, 칼슘과 결합하여 안정한 콜로이드를 형성하고 있다. 카제인에 산을 첨가하면 인산기와 결합되어 있던 칼슘이 수소이온과 대체되어 분리되면 유청에 남는다. 카제인의 등전점은 pH 4.6 정도이므로 산을 첨가하거나 유당이 분해되어 젖산이 생성되면 등전점에 가깝게 되어 응고물이 형성되고 침전하므로 치즈 제조에 이용한다.

채소나 과일에 존재하는 유기산도 우유와 함께 조리하면 우유의 카제인이 산에 의해 안정성이 깨져 응고를 촉진시키므로, 토마토크림수프를 조리할 때 덩어리가 생기지 않게 하려면, 밀가루와 우유로 화이트소스를 만든 후 토마토를 첨가하는 것이 좋다. 밀가루의 친수성 전분과 글루텐gluten 단백질이 보호막으로 작용하여 카제인을 안정화시켜 응유를 방지할 수 있다. 또 토마토퓌레를 가열하여 산을 휘발시킨 후 조리 마지막 단계에 넣어 가열시간을 짧게 하는 것도 도움이 된다.

3) 우유의 레닌에 의한 변화

송아지나 유아의 위에서 분비되는 효소인 레닌은 카제인을 응고시킨다. 레닌에 의한 응고물은 칼슘이온과 결합된 불용성 파라카제인칼슘염insoluble calcium paracaseinate을 형성하여 산에 의한 응고물보다 칼슘량이 더 많고 단단하다. 즉, 레닌의 작용으로 침전시킨 카제인은 칼슘이 유청으로 분리되지 않아 산 침전으로 만든 치즈보다 칼슘의 우수한 급원이 된다. 레넷rennet은 우유만 먹고 자란 송아지(생후 3~6개월)의 제4위 점막에 존재하는 레닌을 식염으로 추출하고, 약간의 펩신pepsin, 소금NaCl, 붕산 등을 넣어 상품화한 단백질 응고제로 치즈 제조 시 사용한다.

레닌은 10~65℃, 약산성에서 작용하는데, 40℃ 내외가 적온으로 낮은 온도에서는 서서히 반응이 일어나며 부드러운 응고물이 형성되고, 높은 온도에서는 단단한 응고물이 형성된다. 치즈를 만들기 위해서는 산에 의해 응고물이 생길 정도의 낮은 pH와 알칼리에서는 작용하지 않으므로 젖산으로 우유의 산도를 약간 높여 레닌의 작용을 촉진시킨다.

4) 우유의 페놀화합물에 의한 변화

채소, 과일, 차 등에 함유된 페놀화합물(탄닌류)은 우유의 카제인을 응고시키므로 채소나 과일에 우유나 크림을 넣어 조리할 때 응고물이 생기는 경우가 있다.

5) 우유의 염류에 의한 변화

우유에 식염을 첨가하면 카제인이나 알부민이 응고된다. 염분이 높은 가공햄을 우유와 같이 가열하면 우유가 응고되는 것을 볼 수 있다.

표 13-1은 우유 단백질의 종류에 따라 각 요인이 응고에 미치는 영향을 나타낸 것이다.

표 13-1 요인에 따른 우유 단백질의 응고성

요인	락토글로불린, 락토알부민	카제인
열	응고	일반적인 가열에 응고되지 않음 (100℃ 12시간, 135℃ 1시간, 155℃ 3분 가열 시 응고)
산	응고되지 않음	응고(칼슘 분리)
레닌	응고되지 않음	응고(칼슘 비분리)
페놀화합물	응고되지 않음	응고
염류	응고	응고

3. 우유 가공품

우유는 지방, 수분 등 영양 성분의 함량을 조정한 저지방 우유, 무지방 우유, 분유, 연유 등과, 우유 성분을 가공한 크림, 버터류, 미생물을 접종하여 발효시킨 발효유, 치즈 외에 아이스크림 같은 냉동 후식에 이용하는 등 대부분 우유 가공품으로 이용한다.

1) 시유

시유market milk는 유제품 중에서 가장 기본이 되는 것으로 원유를 소비자가 바로 마실 수 있게 「축산물가공처리법」에 따라 제조한 후 포장하여 시판되는 백색의 우유를 말한다.

우유 성분 중 인체에 필요한 영양소를 첨가하거나 성분 조성을 보강한 강화우유fortified milk는 지방함량을 높인 고지방 우유, 비타민 A, 비타민 D, 칼슘, 철, DHA, 셀레늄 등을 강화한 우유가 있다.

2) 저지방 우유와 무지방 우유

저지방 우유low fat milk는 유지방을 탈지하여 지방함량을 2% 내외로 줄인 것으로 지방함량이 낮은 반면, 비지방 고형분이 8.25% 함유되도록 조정하여 탈지유보다 단백질과 지방함량이 높다.

무지방 우유skim milk는 지방함량이 0.5% 이하가 되도록 원심분리법으로 유지방을 제거한 것으로 점성이 낮고 고소한 풍미도 부족하다.

3) 분유류

분유powdered milk는 생유(전유 또는 탈지유)를 농축 건조시켜 수분함량을 5% 이하로 만든 분말로 전지분유, 탈지분유, 조제분유 등이 있다.

여기서 잠깐!

우유는 어떻게 살균하나?

우유의 살균은 병원균을 파괴하기 위한 필수적인 과정으로 온도와 시간에 따라 다음과 같은 방법이 있다.

살균방법	살균조건	특징
LTLT (low temperature long time pasteurization, 저온장시간살균법)	63~65℃ 30분	• 병원성 미생물과 90% 이상의 세균은 사멸되나 비병원성 세균은 잔존하여 보존성이 떨어짐 • 풍미나 영양가의 변화는 가장 적음
HTST (high temperature short time pasteurization, 고온단시간살균법)	72~75℃ 15~20초	• 대량의 우유를 연속적으로 처리할 수 있음 • 저온장시간 살균법보다 생균수와 내열성 균도 거의 사멸됨
UHT (ultra high temperature heating pasteurization, 초고온가열살균법)	130~150℃ 0.5~5초	• 영양소 손실을 최소화하고 살균효과를 극대화시킨 방법으로 세균, 유산균, 미생물 포자까지 사멸됨 • 국내에서 가장 많이 사용하는 방법

4) 농축우유

농축우유condensed milk란 우유의 성분 중 수분을 증발시킨 것으로 연유가 대표적이다. 무당연유는 수분을 50~60% 증발시킨 것으로 저장성이 낮아 통에 넣고 밀봉한 다음 가열 살균한다. 대부분의 무당연유는 비타민 D가 강화되어 있고, 가열 시 우유 속의 단백질과 당이 반응하여 황갈색을 띤다. 가당연유는 설탕을 40~45% 첨가한 것으로 저장성이 높다.

5) 크림

균질화시키지 않은 우유를 원심분리하면 유지방이 위로 뜨면서 지방구가 응집하여 큰 지방구를 형성하여 황백색의 크림층을 형성한다. 유지방함량에 따라 커피의 풍미를 부드럽게 하는 커피크림(유지방 18~30%), 디저트 요리에 이용되는 휘핑크림(유지방 50~60%), 버터의 원료로 사용되는 플라스틱 크림(유지방 79~81%)으로 구분한다. 크림cream은 독특한 향미를 주지만 산패되기 쉬우므로 냉장 보관하는 것이 좋다. 하프앤하프half and half는 우유와 크림을 동량으로 섞은 것으로 보통 10~18% 지방을 함유한다.

크림을 거품 내어 이용하고자 할 때 크림 및 용기를 냉장고에 넣어 미리 온도를 낮추어 주거나 하루 정도 지난 크림을 이용하면 냉장온도에서 지방입자가 안정하고, 점도가 증가하여 거품 형성이 잘된다. 크림의 지방함량이 많을수록 거품이 안정되고, 설탕은 거품의 안정성은 증가시키나 조금씩 넣어야 하며, 옥수수전분이 함유된 고운 입자의 슈거파우더가 바람직하다. 너무 오래 젓지 않고, 거품기를 멈추고 들었을 때 광택이 있는 soft peak가 형성되면 적당하다.

6) 버터류

버터butter는 우유의 크림을 저을 때 지방구 표면을 둘러싸고 있는 피막이 파괴되어 지방구가 서로 접촉하여 응집되면 지방층과 수용액층으로 나뉘는데, 이때 얻어진 지방을 굳힌 것이다. 버터층에서 분리된 수용액층이 버터밀크이며, 성분은 탈지유와 같으나 발효과정에서 생성된 젖산을 함유하고 있어 신맛이 나며 음료로 사용한다.

버터는 식염의 첨가에 따라 가염버터, 무염버터로 구분하며, 발효 공정에 따라 발효버터(산성 버터), 비발효버터, 그 외에 버터를 특수 가공하여 만든 버터스프레드 등이 있다. 버터는 80% 이상의 지방과 18% 정도의 수분을 함유하는 유중수적형water in oil, W/O 유화물로서 공기 중에 쉽게 산화되고, 고온 다습한 곳에서는 용해가 쉽고, 미생물의 영향을 받아 변질되기 쉬우므로 공기 접촉을 차단하고 냉장 또는 냉동고에 보관하는 것이 좋다. 흡착성이 강하므로 냉장고 보관 시 반드시 뚜껑을 닫거나 밀봉하는 것이 좋다.

7) 발효유류

살균처리한 우유를 유산균이나 효모로 발효시킨 제품으로 호상 또는 액상으로 만든다. 유산균 발효에 의해 만들어진 요구르트yogurt, 아시도필러스균*Lactobacillus acidophilus*으로 발효시킨 아시도필러스 밀크acidophilus milk, 라이트 크림이나 하프앤하프에 스트렙토코커스균*Streptococcus lactis*이나 다른 산성 박테리아를 이용하여 발효시킨 사워크림sour cream 등이 있다.

요구르트는 우유를 살균, 균질화시킨 후 유산균을 첨가하여 배양하면 산도 0.9~1.0%, 고형물함량 11~12%의 독특한 풍미를 갖는 발효유가 생성된다. 발효과정 중에 옅산의 농도가 증가하고, 발효유의 유용한 유산균은 병원성균을 잘 자라지 못하게 하며 비타민 B

복합체, 비타민 K를 생성하여 건강에 도움을 준다. 특히 유당불내증 환자는 유당이 발효 미생물에 의해 분해되었기 때문에 발효유를 이용하면 문제가 없다.

아시도필러스 밀크는 우유에 *Lactobacillus acidophilus*균을 첨가하여 배양한 발효유로 소화관 내 부패균을 억제하여 불필요한 장내 발효를 억제한다.

8) 치즈류

우유에 유산균이나 레닌을 이용하여 단백질을 응고시킨 식품으로 단백질, 칼슘, 비타민 A, 비타민 B군 및 무기질, 유산균의 작용에 의해 생성된 유기산들이 다양하게 함유되어 영양가가 높고 소화 흡수가 잘되는 발효식품이다.

치즈cheese의 종류는 만드는 방법에 따라 다소 차이가 있는데, 자연 치즈natural cheese는 신선한 원유에 유산균을 접종하고 응유효소인 레닛을 첨가하여 응고시킨 후 유청을 제거하고 숙성실에서 발효·숙성시킨 것이다. 발효 후 가열처리를 하지 않아 보관 시에도 계속 발효 숙성이 일어나고 있어 다양한 맛을 즐길 수 있으나, 모차렐라 치즈mozzarella cheese, 크림 치즈cream cheese, 리코타 치즈ricotta cheese처럼 발효·숙성시키지 않고 제조하는 후레시 치즈fresh cheese는 상온에서 보존하기 어렵다. 가공 치즈processed cheese는 한 종류 또는 여러 종류의 자연 치즈를 주원료로 하여 가열, 용해하는 과정에서 살균되고, 효소 파괴로 더 이상 발효·숙성이 진행되지 않는다. 저장기간 중 맛이 거의 변하지 않고 부드러운 맛과 장기간 보존이 가능한 치즈이다.

대부분의 치즈는 유산균으로 발효시키지만 독성이 없는 식용 곰팡이로 발효·숙성시켜 블루 치즈blue cheese, 카망베르 치즈Camembert cheese, 로크포르 지즈Roquefort cheese, 고르곤졸라 치즈Gorgonzola cheese 등을 만들기도 한다.

또 치즈의 품종을 좌우하는 요소는 유즙의 종류와 상태에 따라 달라진다. 프랑스의 로크포르 치즈는 양의 유즙으로, 이탈리아의 모차렐라 치즈는 버팔로buffalo 유즙으로 제조한 것이다.

치즈의 경도에 따라 초경질, 경질, 준경질, 비숙성연질, 숙성연질 등으로도 분류하는데, 경질 치즈는 수분함량이 비교적 적고, 지방과 단백질함량은 높은 치즈로 체다 치즈 Cheddar cheese, 파르메산 치즈Parmesan cheese, 고우다 치즈Gouda cheese, 에담 치즈Edam cheese 등이 해당된다. 연질 치즈는 수분함량이 높은 크림 치즈, 커티즈 치즈, 카망베르 치즈 등이 있다.

치즈는 그대로 잘라서 먹거나 술안주, 샌드위치, 샐러드 등 다양하게 이용할 수 있으나 단백질과 지방함량이 높아 고온에서 장시간 가열하면 지방이 분리되고 처음에는 부드럽다가 나중에는 흐를 수 있을 정도로 걸쭉해진다. 치즈 퐁듀는 일반적으로 에멘탈 치즈, 카망베르 치즈, 바슈랑 치즈Vacherin cheese, 그류이에르 치즈Gruyere cheese를 백포도주와 가열하여 만들기 때문에 가열했다고 하나 꽤 많은 양의 알코올이 남아 있는 경우도 있다. 그리고 치즈 단백질이 열에 의해 변성되면 질감이 굳어져 단단한 고무같이 될 수 있으므로 가능한 낮은 온도에서 단시간 가열하는 것이 바람직하다.

부엌 둘러보기

보관 중에 곰팡이가 생긴 치즈는?

왁스로 코팅된 포장지에 치즈를 넣어 냉장고에 보관하면 일반적으로 곰팡이가 자라는 것을 방지할 수 있으나, 간혹 곰팡이가 생기기도 한다. 곰팡이가 생성한 독소가 문제가 될 수 있으므로 사용하지 않는 것이 바람직하다. 저장할 때 포장지가 찢어졌다면 포일에 포장하여 밀폐용기에 넣고 보관하는 것이 좋다.

9) 아이스크림

아이스크림Ice cream은 원유와 크림에 설탕, 탈지분유, 유화제, 안정제, 향료 등을 첨가하여 동결시킨 유가공품이다. 보통 아이스크림(유지방 6% 이상, 유고형분 16% 이상), 아이스밀크(유지방 2% 이상, 유고형분 7% 이상), 셔벗(무지 유고형분 2% 이상), 저지방 아이스크림, 비유지방 아이스크림 등으로 분류한다.

실험 13-1	가열처리 시 변화되는 우유의 성상	실험일시

1. 실험목적

우유를 가열처리 하였을 때 나타나는 변화들을 관찰하고, 우유의 성분 및 열 응고성을 이해한다.

2. 재료 및 분량

우유 200mL

3. 실험기구

• 계량기구 : 비커(500mL), 온도계

• 일반기구 : 기타 조리기구

4. 실험방법

비커에 200mL의 우유를 넣고 약한 불에서 100℃가 될 때까지 젓지 말고 가열한 후 다음 사항에 관하여 관찰한다.

tip 비커나 투명 용기 사용

5. 실험결과

실험내용	형성 시간(분)	형성 원인[1)]
우유 표면에 생긴 변화		
비커 바닥에 생긴 침전물		
비커 바닥에 생긴 캐러멜화 현상		
우유 냄새 변화		

1) 형성 원인은 성분 등을 묘사분석한다.

실험 13-2	산의 함량에 따른 우유의 응고물 비교	실험일시

1. 실험목적

우유에 산을 첨가하였을 때 변화를 관찰하고 pH 변화에 따른 우유 응고성을 이해한다.

2. 재료 및 분량

시료	우유(mL)	식초(Tbsp)
A	200	1
B		2
C		3
D		4

3. 실험기구

- 계량기구 : 비커, 눈금 실린더, 깔때기, 타이머
- 일반기구 : pH 미터, 여과지, 기타 조리기구

4. 실험방법

① 우유의 pH를 측정한다.

② 우유 200mL에 식초를 각각 1Tbsp, 2Tbsp, 3Tbsp, 4Tbsp씩 넣어 잘 섞은 후 즉시 pH를 측정한다.

③ 4개의 시료가 응고물이 형성되기까지 5분 이상 놓아 둔다.

④ ③의 우유 응고물을 여과지를 덮은 깔때기에 부어 눈금 실린더 위에서 유청을 분리시킨다.

⑤ 각 우유에서 생긴 커드(curd)의 양을 계산하고 우유의 몇 %에 해당하는지 다음과 같이 계산한다.

$$\text{커드(\%)} = \left(\frac{\text{전유} - \text{유청}}{\text{전유}}\right) \times 100$$

⑥ 각각의 커드와 유청의 성분을 관찰한다.

5. 실험결과

시료	pH	유청(mL)	커드			
			수율(%)	외관[1]	촉감[2]	맛[3]
A						
B						
C						
D						

[1] 외관은 커드의 성상 등을 묘사분석한다.

[2] 촉감은 입안에서 부드러운 정도를 순위법으로 평가한다(가장 부드러운 시료가 1순위).

[3] 맛은 묘사분석한다.

실험 13-3	산에 의한 우유 응고 저해 요인	실험일시

1. 실험목적

산에 의한 우유의 응고성을 이해하고 이때 영향을 주는 요인을 알아본다.

2. 재료 및 분량

시료	우유(C)	토마토즙(C)	밀가루(tsp)	탄산수소나트륨(tsp)
A	1/4	1/4	–	–
B			2	–
C			–	1/3

3. 실험기구

- 계량기구 : 계량컵, 계량스푼, 온도계
- 일반기구 : 기타 조리기구

4. 실험방법

① A는 우유 1/4C와 토마토즙 1/4C을 각각 50℃로 가열한 후 혼합한다.

② B는 토마토즙 1/4C에 밀가루 2tsp를 섞어 가열한 후 50℃로 데운 우유 1/4C을 혼합한다.

③ C는 토마토즙 1/4C을 50℃로 가열한 후 탄산수소나트륨을 1/3tsp 섞어 50℃로 데운 우유 1/4C을 혼합한다.

④ 혼합 직후와 15분간 방치한 후 외관과 맛을 평가한다.

tip 시료의 용기 크기가 같아야 비교가 용이하다.

5. 실험결과

시료	혼합 직후 외관[1]	혼합 15분 후 외관[1]	맛[2]
A			
B			
C			

1) 외관은 응고물이 형성된 정도를 순위법으로 평가한다(응고물이 가장 많이 생성된 시료가 1순위).

2) 맛은 시식 후 묘사분석한다.

실험

13-4

제조방법에 따른 코티지 치즈의 품질 비교

실험일시

1. 실험목적

제조방법을 달리하여 제조한 코티지 치즈cottage cheese의 품질을 비교한다.

2. 재료 및 분량

시료	우유(C)	식초(Tbsp)	끓는물(Tbsp)	처리방법
A	1	3	–	37℃로 가열
B			3	끓는 물 3Tbsp 첨가

3. 실험기구

- 계량기구 : 계량컵, 계량스푼
- 일반기구 : 면보, 기타 조리기구

4. 실험방법

[시료 A]

① 우유 1C에 식초 3Tbsp을 넣어 섞은 후 5분간 방치하여 응고가 일어나면 주걱으로 잘게 부순다.

② ①을 중탕하여 우유의 온도가 37℃를 유지하면서 응고가 완결될 때까지 가열한다.

③ 면포에 준비된 ②를 넣어 1시간 후 물기가 다 빠지면 응고물의 수율을 계산하고, 색과 식감을 평가한다.

[시료 B]

① 시료 A와 같은 방법으로 응고물을 만든다.

② 끓는 물 3Tbsp을 우유 응고물에 넣고 천천히 저어 준다.

③ 응고가 완결될 때까지 방치한 후 응고물을 잘게 부수어 면포에 넣고 1시간 후 물기가 다 빠진 후 수율을 계산하고 외관과 식감을 평가한다.

$$\text{수율(\%)} = \frac{\text{코티지 치즈}}{\text{전유}} \times 100$$

5. 실험결과

시료	수율(%)	외관[1]	식감[1]
A			
B			

[1] 외관과 식감은 묘사분석한다.

*참고문헌

1 Amy Brown. *Understanding Food,* 4th Edition. Wadsworth. 2010

2 Belle Lowe. *Experimental cookery*, 4th Edition. John Wiley & Sons Inc. 1963

3 Craig Claiborne & L. Timothy Ryan. *The Professional Chef's Techniques of Healthy Cooking*. Van Nostrand Reinhold. 1993

4 Fennema Owen R. *Food chemistry*, 3rd Edition. Marcel Dekker. 1996

5 Harry T. Lawless, Hildegarde Heymann. *Sensory Evaluation of Food Principles and Practices*, 2nd Edition. Springer Science & Business Media. 2010

6 Helen Charley. *Food Science*, 2nd Edition. Macmillan. 1982

7 Jeni Wright, Eric Treuille. *Le Cordon Bleu Cooking Techniques*. William Morrow & Company. 1996

8 Margaret McWilliams. *Experimental Foods Laboratory Manual*, 8th Edition. Prentice Hall. 2014

9 Margaret McWilliams. *Food Fundamentals*, 8th Edition. Prentice Hall. 2006

10 Margaret McWilliams. *Foods: Experimental Perspectives*, 7th Edition. Pearson Prentice Hall. 2012

11 Marion Bennion. *Introductory Foods*, 9th Edition. Prentice Hall. 1990

12 Marjorie P. Penfield, Ada Marie Campbell. *Experimental Food Science*, 3rd Edition. Academic Press. 1990

13 Norman N. Potter. *Food Science*, 4th Edition. Van Nostrand Reinhold. 1986

14 Sarah R. Labensky, Priscilla A. Martel, Alan M. Hause. *On cooking*, 5th Edition. Pearson Education. 2010

15 The Culinary Institute of America (CIA). *The Professional Chef*, 7th Edition. John Wiley & Sons Inc. 2002

16 Wayne Gisslen. *Professional Baking*, 3rd Edition. John Wiley & Sons Inc. 2001

17 농촌진흥청 농업과학기술원 농촌자원개발연구소. **식품성분표(제7차 개정판)**. 2006

18 문범수 외. **식품재료학**. 수학사. 1988

19 문수재. **식품학 및 조리원리**. 수학사. 1997

20 송재철 외. **최신 식품가공 저장학**. 효일문화사. 1998

21 송재철 외. **최신 식품학**. 교문사. 1988

22 신길만. **제과제빵 재료학**. 교문사. 2004

23 신말식 옮김. **식품과 조리과학**. 라이프사이언스. 2001

24 오석태, 염진철. **서양조리학 개론**. 신광출판사. 1998

25 윤서석. **한국음식**. 수학사. 1992

26 이규한. **식품화학**. 형설출판사. 1996

27 이혜수, 조영. **조리원리**. 교문사. 1999

28 이희건 옮김. **음식과 요리**. 백년후. 2011

29 장명숙. **식품과 조리원리**. 효일문화사. 1999

30 전희정, 백재은, 주나미, 정희선. **제과·제빵 이론 & 실기**. 교문사. 2002

31 전희정. **실험조리**. 교문사. 1998

32 전희정. **현대 한국음식용어사전**. 지구문화사. 2002

33 조리과학회편찬위원회. **조리과학용어사전**. 교문사. 2007

34 주나미, 박상현. **조리과학 및 실험**. 파워북. 2007

35 축산물품질평가원. http://www.ekape.or.kr

36 한국식품과학회. **식품과학기술대사전**. 광일. 2003

37 한국조리과학회. **조리용어사전**. 효일. 2001

*찾아보기

저자 소개

주나미 숙명여자대학교 교수

박상현 강서구 어린이급식관리지원센터 총괄팀장
숙명여자대학교 출강

정은경 숙명여자대학교, 연성대학교 출강

김보람 숙명여자대학교, 숭의여자대학교 출강

이희정 숙명여자대학교, 대구한의대학교 출강

이해하기 쉬운

조리원리 및 실험

2015년 8월 25일 초판 발행
2020년 3월 5일 2쇄 발행

지은이 | 주나미·박상현·정은경·김보람·이희정
발행인 | 유제구
발행처 | 파워북
주 소 | 경기도 고양시 일산동구 호수로 358-25
동문타워 2차 529호
전 화 | (02) 730-1412
팩 스 | (031) 908-1410
등 록 | 1997년 1월 31일 제2014-000067호

정 가 23,000원
ISBN 978-89-8160-255-0 (93590)